curso introductorio de

ESTRUCTURAS ALGEBRAICAS

GUSTAVO LABBE MORALES

DEPARTAMENTO DE MATEMATICAS
UNIVERSIDAD DE LA SERENA

EDITORIAL
UNIVERSIDAD
DE LA SERENA

CURSO INTRODUCTORIO DE
ESTRUCTURAS ALGEBRAICAS
Gustavo Labbe Morales

SERIE UNIVERSITARIA
Textos de Estudio

Primera edición: Marzo 2017
ISBN 978-956-7052-14-1

Este texto fue financiado por el Programa
de Desarrollo de Material Científico y Docente
del Departamento de Matemáticas
de la Universidad de La Serena.

Editorial Universidad de La Serena
Los Carrera 207 - Fono 51-2204368
editorial@userena.cl

www.editorial.userena.cl

Contents

1. PROLOGO

Este libro está pensado como texto de apoyo para la asignatura de Estructuras Algebraicas de la Carrera de Pedagogía en Matemáticas y Computación de la Universidad de La Serena, llamado "GRUPO, ANILLO Y CUERPO", y son una recopilación de textos clásicos de Álgebra Abstracta cuyos títulos y autores están señalados en las referencias.

El texto recoge e incorpora los contenidos considerados en los "Estándares Orientadores para Egresados de Carreras de Pedagogía en Educación Media", documento MINEDUC, año 2012.

Como es una asignatura de niveles superiores, se asume que los alumnos están familiarizados con los distintos sistemas numéricos ($\mathbb{N}$, $\mathbb{Z}$, $\mathbb{Q}$, $\mathbb{R}$, $\mathbb{C}$), tanto en sus operatorias como también en las propiedades que satisfacen. De igual modo, deben tener experiencia con Teoría de Conjuntos y el manejo de Relaciones y Funciones.

Por lo dicho anteriormente, esta asignatura está dentro de la rama de las matemáticas conocida como Álgebra Abstracta, donde el término "abstracto" puede ser bastante subjetivo, ya que lo que pudiera ser abstracto para alguna persona, puede que no lo sea para otra.

El objetivo de este texto es estudiar algunos sistemas algebraicos importantes, como grupos, anillos y cuerpos, donde un sistema algebraico puede considerarse como un conjuntos de objetos y algunas nociones respecto de ellos.

De la experiencia como docente, he podido observar que en esta asignatura, por lo general, hay una mayor reprobación, lo que se traduce además, que los estudiantes inician el curso con una predisposición negativa, razón por la cual me he motivado a escribir este texto como una forma de facilitar los aprendizajes.

En el desarrollo de los contenidos de la asignatura, se pretende transitar por el marco teórico, tratado de manera formal y rigurosa, con todas sus demostraciones, pero apoyado con muchos ejemplos de diferentes índoles, que permitan entender de mejor manera las propiedades y resultados, relacionando los conceptos aquí tratados con los visto en otras asignaturas. Además, después de cada sección, se proponen ejercicios cuyas soluciones se encuentran al final del texto.

Con este texto se espera constribuir a que el estudiante de pedagogía en matemáticas inicie el estudio de las estrucuras algebraicas con una disposición positiva, valorando el desarrollo de su pensamiento abstracto tan necesario para quienes siguen una carrera relacionada con matemáticas. Tal como dice el título del libro, este es un curso introductorio, por lo que se invita a los estudiantes a complementar los contenidos aquí vistos consultando los textos de las referencias.

2. CAPÍTULO I - CONCEPTOS PRELIMINARES

2.1. Conceptos Prelimimares.

Comenzamos esta sección con algunas definiciones y propiedades ya vistas en asignaturas de primer año, pero por su recurrencia dentro de este curso, es recomendable recordarlas una vez más.

Definición 2.1. Sea A un conjunto no vacío. Se llama ley de composición interna definida sobre A, u operación binaria sobre A, a toda función de $A \times A$ en A, es decir:

$$* : A \times A \longrightarrow A, \quad (a, b) \mapsto *(a, b) = a * b.$$

Observación 2.2.

(1) Es común que en un conjunto A deban considerarse simultaneamente varias operaciones binarias, en cuyo caso se debe tener cuidado en no repetir la misma simbología. Por ejemplo, conocemos bien los símbolos propios de las operaciones usuales "$+$" (notación aditiva: adición de números, adición de funciones, etc.); "$\cdot$" (notación multiplicativa: multiplicación de números, multiplicación de funciones, etc.); "$\cap$" (intersección de partes de un conjunto); "$\cup$" (unión de partes de un conjunto), etc.

(2) Consideremos un conjunto A no vacío con una operación binaria $*$. Cuando usemos la notación aditiva o multiplicativa, llamaremos a A un conjunto aditivo o multiplicativo, respectivamente.

(3) Cuando A es un conjunto finito, digamos $A = \{a_1, ..., a_n\}$ con la operación binaria "$*$", podemos representar al conjunto junto con la operación binaria por medio de una tabla de doble entrada, donde en la intersección de la i-ésima fila con la j-ésima columna va el elemento $a_i * a_j$.

Ejemplo 2.3.

(1) Los ejemplos más familiares de operaciones binarias y que nos han acompañado desde que tenemos uso de razón son la adición "$+$" y la multiplicación "$\cdot$" en $\mathbb{N}$ números naturales, $\mathbb{Z}$ números enteros, $\mathbb{Q}$ números racionales, $\mathbb{R}$ números reales y $\mathbb{C}$ números complejos.

(2) Sea $A = \{a, b, c, d\}$ con las operaciones binarias definidas por $x * y = y$ y $x \oplus y = x$, $\forall x, y \in A$. Entonces las siguientes tablas representan al conjunto A con las operaciones $*$ y $\oplus$:

$*$	a	b	c	d
a	a	b	c	d
b	a	b	c	d
c	a	b	c	d
d	a	b	c	d

$\wedge$

$\oplus$	a	b	c	d
a	a	a	a	a
b	b	b	b	b
c	c	c	c	c
d	d	d	d	d

(3) Sea $X \neq \emptyset$ un conjunto cualquiera y $A \neq \emptyset$ un conjunto con una operación binaria $*$. Consideremos el conjunto $\mathcal{F} = \{f : X \longrightarrow A \mid f \text{ función}\}$, entonces podemos definir sobre $\mathcal{F}$ una operación binaria, que también llamaremos $*$, por la siguiente regla:

$$\forall f, g \in \mathcal{F},\ \forall x \in X,\ (f * g)(x) = f(x) * g(x).$$

Así, $\forall\ f, g \in \mathcal{F}$, tenemos definida la función $f * g \in \mathcal{F}$, y por consiguiente, una relación binaria sobre $\mathcal{F}$ obtenida a partir de la operación binaria de A.

(4) Sean A_1 y A_2 conjuntos no vacíos con operaciones binarias $\diamond$ y $\otimes$ respectivamente y consideremos el producto cartesiano $A = A_1 \times A_2$. Entonces $\forall (a_1, a_2), (b_1, b_2) \in A$ definimos

$(a_1, a_2) * (b_1, b_2) = (a_1 \diamond b_1, a_2 \otimes b_2)$, lo que determina una operación binaria $*$ sobre A. Llamamos al conjunto A producto directo de A_1 y A_2. En ocasiones las operaciones binarias $\diamond$, $\otimes$ y $*$ se representan con el mismo símbolo cuando no hay lugar a equivocaciones. Lo que acabamos de realizar para dos conjuntos con operaciones binarias, lo podemos extender a un número finito de conjuntos con operaciones binarias.

Como caso particular si $A_1 = A_2 = \mathbb{R}$ con la multiplicación como operación, entonces en $A = \mathbb{R} \times \mathbb{R} = \mathbb{R}^2$ tenemos la operación binaria:

$$(x_1, x_2)(y_1, y_2) = (x_1 y_1, x_2 y_2), \ \forall (x_1, x_2), (y_1, y_2) \in \mathbb{R}^2$$

(5) Sea $A = \mathbb{R}$, definamos $\forall\ a, b \in \mathbb{R}$, $a * b = a/b$, entonces $*$ no define una operación binaria sobre $\mathbb{R}$ ya que por ejemplo $5 * 0$ no está definido. De igual modo, si $A = \mathbb{N}$, entonces $a * b = a - b, \forall\ a, b \in \mathbb{N}$ no es una operación binaria.

(6) Sea $\mathcal{B}_{n \times n}$ el conjunto de matrices booleanas de $n \times n$, es decir, matrices $B = (b_{ij})_{i,j=1,\ldots,n}$ con $b_{ij} = 0$ o $b_{ij} = 1$ $\forall i, j = 1, \ldots, n$. Las matrices booleanas son usadas para representar objetos abstractos, como por ejemplo grafos. Definamos $\forall\ A, B \in \mathcal{B}_{n \times n}$ la disyunción $A \vee B$ (unión) y la conjunción $A \wedge B$ (intersección) por:

$$A \vee B = (c_{ij})_{i,j=1,\ldots,n} \text{ con } c_{ij} = \begin{cases} 1 & \text{si} \quad a_{ij} = 1 \text{ ó } b_{ij} = 1 \\ 0 & \text{si} \quad a_{ij} = b_{ij} = 0 \end{cases} \quad \text{y}$$

$$A \wedge B = (d_{ij})_{i,j=1,\ldots,n} \text{ con } d_{ij} = \begin{cases} 1 & \text{si} \quad a_{ij} = b_{ij} = 1 \\ 0 & \text{si} \quad a_{ij} = 0 \text{ ó } b_{ij} = 0 \end{cases}$$

De las definiciones tenemos que $A \vee B, A \wedge B \in \mathcal{B}_{n \times n}$, y por lo tanto definen operaciones binarias.

Definición 2.4. Sea A un conjunto no vacío. Un subconjunto $R \subset A \times A$ no vacío se dice que es una *relación de equivalencia* sobre A si $\forall a, b, c \in A$ se satisface:

(1) $(a, a) \in R$ (reflexividad)

(2) $(a, b) \in R \Rightarrow (b, a) \in R$ (simetría)

(3) $(a, b) \in R \wedge (b, c) \in R \Rightarrow (a, c) \in R$ (transitividad).

En la definición 2.4, en vez de referirnos al conjunto R, podemos hablar de una relación binaria en A, entendiendo que b está relacionado con a cuando $(a, b) \in R$. Así, las propiedades (1), (2) y (3) del subconjunto R se traducen en la siguiente definición.

Definición 2.5. Una relación binaria "$\sim$" sobre A se dice que es una *relación de equivalencia* sobre A si $\forall a, b, c \in A$ satisfacen:

(1) $a \sim a$ *(reflexividad)*

(2) $a \sim b \Rightarrow b \sim a$ *(simetría)*

(3) $a \sim b \wedge b \sim c \Rightarrow a \sim c$ *(transitividad).*

Definición 2.6. Si A es un conjunto no vacío y $\sim$ es una relación de equivalencia sobre A, la *clase de equivalencia* de $a \in A$ es el conjunto $[a] = \{x \in A \mid a \sim x\}$.

Observación 2.7. Antes de dar ejemplos de relaciones de equivalencia, es conveniente ver la siguiente definición que resultará ser una propiedad que satisfacen las relaciones de equivalencia.

Definición 2.8. Una partición de un conjunto A no vacío, es una familia de conjuntos $\mathcal{A} = \{A_i\}_{i \in I}$, I conjunto de índices (que puede ser finito o infinito), tal que $\forall i, j \in I$, $A_i \neq \emptyset$, $A_i \subset A$, $A_i \cap A_j = \emptyset$ y $A = \cup_{i \in I} A_i$.

Ejemplo 2.9.

(1) Las familias $\mathcal{A}_1 = \{0, \mathbb{Z}^+, \mathbb{Z}^-\}$, $\mathcal{A}_2 = \{P, I\}$ consistente de los conjuntos de números pares P y de números impares I y $\mathcal{A}_3 = \{\{n\}\}_{n\in\mathbb{Z}}$ constituyen particiones de $\mathbb{Z}$, las dos primeras finitas y la tercera infinita numerable.

(2) En $\mathbb{R}^2$ consideremos la familia $\mathcal{A}_1 = \{L_r\}_{r\in\mathbb{R}}$ consistente de las gráficas de rectas de pendiente m que intersectan el eje y en $(0, r)$, es decir, $L_r = \{(x, y) \in \mathbb{R}^2 \mid y = mx + r\}$, para $m \in \mathbb{R}$ fijo. Entonces $\mathcal{A}_1$ constituye una partición infinita (no numerable) de $\mathbb{R}^2$. Se igual modo, la familia $\mathcal{A}_2 = \{C_r\}_{r\in[0,\infty[}$, donde para $r > 0$, $C_r = \{(x, y) \in \mathbb{R}^2 \mid x^2 + y^2 = r^2\}$ son circunferencias centradas en el origen y radio r y $C_0 = \{(0, 0)\}$, constituye una partición de $\mathbb{R}^2$.

Observación 2.10. Una relación de equivalencia sobre un conjunto A permite particionar al conjunto A en subconjuntos constituídos por los elementos de A que están relacionados entre sí. Esta afirmación queda establecida en el siguiente teorema.

Teorema 2.11. *Las distintas clases de equivalencia de una relación de equivalencia sobre un conjunto $A \neq \emptyset$ determinan una partición de A. Recíprocamente, dada una partición de A, podemos definir una relación de equivalencia sobre A para la cual estos subconjuntos son sus clases de equivalencia.*

Dem: Denotemos por $\sim$ la relación de equivalencia sobre A. Notemos que $\forall a \in A$, $a \sim a \;\Rightarrow\; a \in [a] \;\Rightarrow\; \cup_{a\in A}[a] = A$. Ahora probemos que dos clases o son iguales o son disjuntas. Supongamos que $[a] \cap [b] \neq \emptyset$ y sea $x \in [a] \cap [b]$, entonces $x \sim a \;\wedge\; x \sim b \;\Rightarrow\; a \sim x \;\wedge\; x \sim b$ (por simetría) $\Rightarrow\; a \sim b$ (por transitividad).

Ahora: $y \in [b] \Rightarrow b \sim y \wedge a \sim b \Rightarrow a \sim y \Rightarrow y \in [a] \Rightarrow [b] \subset [a]$.
De forma análoga, $[b] \subset [a]$, de donde obtenemos que $[a] = [b]$.
Recíprocamente, sea $\mathcal{A} = \{A_i\}_{i \in I}$ una partición de A, entonces como todo elemento de A está exactamento en un A_i, definamos:

$$\forall\, a, b \in A : \ a \sim b \iff \exists\, i \in I \text{ tal que } a, b \in A_i.$$

Es fácil verificar que esto define una relación de equivalencia sobre A y que sus clases de equivalencia son exactamente los conjuntos A_i.

Ejemplo 2.12.

(1) Sea $A = \{\text{todos los seres humanos}\}$ y definamos la relación $\sim$ en A por: $\forall a, b \in A,\ a \sim b \iff a$ y b cumplen años el mismo día. Entonces es fácil verificar que $\sim$ satisface los tres axiomas de una relación de equivalencia, y por consiguiente, es una relación de equivalencia. Note además que existen exactamente 366 diferentes clases de equivalencia.
Sobre el mismo conjunto A, definamos la relación $\sim$ por:

$$\forall a, b \in A,\ a \sim b \iff a \text{ tiene el mismo signo del zodiaco que } b.$$

Al igual que en el caso anterior, estamos en presencia de una relación de equivalencia, pero ahora tenemos exactamente 12 diferentes clases de equivalencia.
Note que la primera relación de equivalencia implica la segunda, pero no al revés, más aún, cada clase de equivalencia del segundo ejemplo, contiene entre 29 y 31 clases de equivalencias del primero.
Si ahora sobre A definimos la relación:

$$\forall a, b \in A,\ a \sim b \iff a \text{ y } b \text{ son hermanos (mismo padre y madre)},$$

entonces $\sim$ es simétrica y transitiva pero no satisface reflexividad.

(2) Sea A un conjunto cualquiera no vacío y definamos la relación $\sim$ en A por: $\forall a, b \in A,\ a \sim b \iff a = b.$

Verifiquemos que $\sim$ es una relación de equivalencia. En efecto:

(a) $\forall\ a \in A,\ a = a \ \Rightarrow\ a \sim a$ (reflexividad)

(b) $a \sim b \ \Rightarrow\ a = b \ \Rightarrow\ b = a \ \Rightarrow\ b \sim a$ (simetría)

(c) $a \sim b \ \wedge\ b \sim c \ \Rightarrow\ a = b \ \wedge\ b = c \ \Rightarrow\ a = c \ \Rightarrow\ a \sim c$ (transitividad).

Por (a), (b) y (c) la relación es de equivalencia.

Esta relación de equivalencia no es otra que la relación de igualdad sobre un conjunto. Aquí las clases de equivalencia son conjuntos unitarios, es decir:

$$\forall a \in A : [a] = \{a\} \text{ y } A = \cup_{a\in A}[a] = \cup_{a\in A}\{a\} \text{ (unión disjunta).}$$

(3) Sea $\mathbb{Z}$ el conjunto de los enteros. Definamos:

$$\forall a, b \in \mathbb{Z},\ a \sim b \iff a - b \text{ es un número par.}$$

Afirmamos que $\sim$ es una relación de equivalencia sobre $\mathbb{Z}$. En efecto:

(a) $a - a = 0$ es par $\Rightarrow\ a \sim a$ (reflexividad)

(b) $a \sim b \Rightarrow a - b = 2k$ para algún $k \in \mathbb{Z} \Rightarrow b - a = 2(-k)$, $-k \in \mathbb{Z} \Rightarrow b - a$ es par $\Rightarrow b \sim a$ (simetría)

(c) $a \sim b \wedge b \sim c \Rightarrow a - b \wedge b - c$ números pares $\Rightarrow a - b = 2k_1 \wedge b - c = 2k_2$ con $k_1, k_2 \in \mathbb{Z} \Rightarrow a - c = 2(k_1 + k_2) \Rightarrow a - c$ número par $\Rightarrow a \sim c$ (transitividad).

Por lo tanto $\sim$ es una relación de equivalencia. En este caso hay sólo dos clases de equivalencia, que son:

$$[0] = \{x \in \mathbb{Z} \mid x = 2k, k \in \mathbb{Z}\} \quad \text{(números pares)} \quad \wedge$$
$$[1] = \{y \in \mathbb{Z} \mid y = 2k + 1, k \in \mathbb{Z}\} \quad \text{(números impares)},$$

y por lo tanto: $\mathbb{Z} = [0] \cup [1]$ unión disjunta.

(4) Sea Ω un conjunto no vacío y $\mathcal{P}(\Omega)$ el conjunto de todos los subconjuntos de Ω, es decir, $\mathcal{P}(\Omega) = \{X \mid X \subset \Omega\}$. En $\mathcal{P}(\Omega)$ definimos:

$$\forall X, Y \in \mathcal{P}(\Omega),\ X \sim Y \iff \exists\, f : X \longrightarrow Y \text{ función biyectiva.}$$

Probemos que $\sim$ es una relación de equivalencia en $\mathcal{P}(\Omega)$. Tenemos:

(a) $\forall\ X \in \mathcal{P}(\Omega)$, la función identidad $Id : X \longrightarrow X$, definida por $Id(x) = x$, $\forall x \in X$, es una biyección de X, por lo tanto, $X \sim X$ (reflexividad).

(b) $X \sim Y \Rightarrow \exists\, f : X \to Y$ función biyectiva $\Rightarrow$ $\exists\, f^{-1} : Y \to X$ función biyectiva $\Rightarrow Y \sim X$ (simetría).

(c) $X \sim Y \wedge Y \sim Z \Rightarrow \exists\, f : X \to Y \ \wedge\ g : Y \to Z$ funciones biyectivas $\Rightarrow\ g \circ f : X \to Z$ biyectiva $\Rightarrow$ $X \sim Z$ (transitividad).

Luego $\sim$ es una relación de equivalencia en $\mathcal{P}(\Omega)$. Las clases de equivalencia son: $[X] = \{Y \subset \Omega \mid \exists f : X \longrightarrow Y \text{ biyección}\}$.

Cuando Ω es finito, la clase de equivalencia de $X \subset \Omega$ es: $[X] = \{Y \subset \Omega \mid \#X = \#Y\}$ (conjuntos con igual números de elementos).

(5) En $\mathbb{Z} \times (\mathbb{Z} - \{0\})$, definamos:

$$\forall\ (n, m), (r, s) \in \mathbb{Z} \times (\mathbb{Z} - \{0\}),\ (n, m) \sim (r, s) \iff ns = mr.$$

Entonces la relación así definida es de equivalencia. En efecto:

(a) Reflexividad: Como $nm = mn \Rightarrow (n, m) \sim (n, m)$.

(b) Simetría: $(n, m) \sim (r, s) \Rightarrow ns = mr \Rightarrow rm = sn \Rightarrow$ $(r, s) \sim (n, m)$.

(c) Transitividad:

$$(n,m) \sim (r,s) \ \wedge \ (r,s) \sim (a,b) \ \Rightarrow$$

$$\begin{cases} ns = mr \mid \cdot (b) \ \Rightarrow \ nsb = mrb \\ \qquad\qquad \wedge \\ rb = sa \mid \cdot (m) \ \Rightarrow \ rbm = sam \end{cases} \Rightarrow$$

$$nbs = mrb \ \wedge \ mrb = mas \ \Rightarrow \ nbs = mas \wedge \ s \neq 0 \ \Rightarrow$$

$$nb = ma \ \Rightarrow \ (n,m) \sim (a,b).$$

Luego $\sim$ es una relación de equivalencia en $\mathbb{Z} \times (\mathbb{Z} - \{0\})$.

La clase de equivalencia $[(n,m)]$ para $(n,m) \in \mathbb{Z} \times (\mathbb{Z} - \{0\})$ la escribimos como $[(n,m)] = \frac{n}{m}$, y el conjunto de todas las clases de equivalencia corresponde a

$$\{[(n,m)] \mid (n,m) \in \mathbb{Z} \times (\mathbb{Z} - \{0\})\} = \{\tfrac{n}{m} \mid n, m \in \mathbb{Z}, \ m \neq 0\} = \mathbb{Q}$$

$$\text{donde } \tfrac{n}{m} = \tfrac{r}{s} \iff ns = mr.$$

(6) Sean A y B conjuntos no vacíos y $\phi : A \longrightarrow B$ una función. Definimos: $\forall a_1, a_2 \in A : a_1 \sim a_2 \iff \phi(a_1) = \phi(a_2)$.

Es fácil verificar que $\sim$ es una relación de equivalencia. Las clases de equivalencia corresponden a los subconjuntos de A:

$$\phi^{-1}(b) = \{a \in A \mid \phi(a) = b\} = [a], \ (b \in B).$$

Note que si ϕ es inyectiva, entonces $[a] = \{a\}$, y si $b \notin Im(\phi)$, entonces $\phi^{-1}(b) = \emptyset$.

Como caso particular, consideremos la función $f : \mathbb{R}^2 \longrightarrow \mathbb{R}$ definida por $f(x,y) = x^2 + y^2$, en este caso las clases de equivalencia, también llamadas curvas de nivel, son los subconjuntos de $\mathbb{R}^2$ dados por: $\mathcal{C}_c = f^{-1}(c) = \{(x,y) \in \mathbb{R}^2 \mid x^2 + y^2 = c\}$, que corresponden a circunferencias centradas en el origen y radio $\sqrt{c}$ para $c > 0$, $\{(0,0)\}$ si $c = 0$ y $\emptyset$ si $c < 0$.

Si $f(x, y)$ representa la temperatura en cada punto del plano, entonces las clases de equivalencia, o las curvas de nivel, representan los puntos de igual temperatura, llamadas isotermas.

(7) En $\mathbb{R}$ definamos la relación:

$$\forall\, x, y \in \mathbb{R},\ x \sim y \iff y = x + n,\ n \in \mathbb{Z}.$$

Verifiquemos que $\sim$ es una relación de equivalencia en $\mathbb{R}$.

(a) Reflexividad: como $\forall\, x \in \mathbb{R}, x = x + 0 \Rightarrow x \sim x$.

(b) Simetría: $x \sim y \Rightarrow y = x + n$ para algún $n \in \mathbb{Z} \Rightarrow x = y - n \Rightarrow y \sim x$.

(c) Transitividad:

$$x \sim y \wedge y \sim z \Rightarrow y = x + n, z = y + m,\ n, m \in \mathbb{Z} \Rightarrow$$
$$z = x + (n + m),\ n + m \in \mathbb{Z} \Rightarrow x \sim z.$$

En este caso la clase de equivalencia de $x \in \mathbb{R}$ es $[x] = \{x + n \mid n \in \mathbb{Z}\}$, es decir, todas las traslaciones de x por números enteros. Luego podemos ver que en el intervalo $[0, 1[$ hay un único representante de cada clase, y si tomamos el intervalo $[0, 1]$, entonces salvo los extremos 0 y 1, cada punto representa una clase y $[0] = [1]$, lo que podemos realizar geométricamente considerando el intervalo $[0, 1]$ como un alambre donde hay que pegar los extremos, ya que representan la misma clase, obteniendo una circunferencia. En este caso decimos que el conjunto de clases de equivalencia corresponde a una "circunferencia".

Definición 2.13. Sea $\mathbb{Z}$ el conjunto de los enteros y $n > 0$ un entero fijo. Para $a, b \in \mathbb{Z}$, definimos la relación denominada *"congruencia módulo n"* y denotada por $a \equiv b \mod n$ por:

$\forall a, b \in \mathbb{Z},\ a \equiv b \mod n \iff a - b$ es un múltiplo de $n \iff n \mid (a - b)$.

Note que esta definición es una generalización del ejemplo 2.12 (3), y por consiguiente, dejamos de ejercicio verificar que es una relación de equivalencia sobre $\mathbb{Z}$

Ejemplo 2.14. La relación congruencia módulo n de manera natural la hemos venido usado y de manera cotidiana desde niños, aún cuando ni siquiera nos damos cuenta. En los siguientes ejemplos veremos esta afirmación.

(1) Consideremos un reloj analógico y comparemóslo con uno digital. Por lo general un reloj analógico tiene la forma de un disco dividido en doce partes, que escribimos como 0, 1, 2, 3, 4, 5, 6, 7, 8, 9, 10, 11. La equivalencia horaria entre un reloj analógico y uno digital viene dada en la siguiente tabla:

0	1	2	3	4	5	6	7	8	9	10	11
12	13	14	15	16	17	18	19	20	21	22	23

Cuando se dice que son las "20 horas" se está diciendo también que son las "8 de la tarde", es decir, se ha usado congruencia módulo 12, o equivalentemente, $20 \equiv 8 \mod 12$.

(2) Cuando medimos ángulos en grados estamos usando congruencia módulo 360. Por ejemplo, un ángulo de $425°$ corresponde a un ángulo de $65°$, es decir, $425° \equiv 65° \mod 360$.

(3) La congruencia módulo n también puede ser usada para cifrar información, es decir, transmitir información en secreto. Para ver esto, consideremos el alfabeto convencional y otro con un desplazamiento de 5 letras como en la siguiente tabla:

0	1	2	3	4	5	6	7	8	9	10	11	12	13
A	B	C	D	E	F	G	H	I	J	K	L	M	N
F	G	H	I	J	K	L	M	N	Ñ	O	P	Q	R

14	15	16	17	18	19	20	21	22	23	24	25	26
Ñ	O	P	Q	R	S	T	U	V	W	X	Y	Z
S	T	U	V	W	X	Y	Z	A	B	C	D	E

Estamos usando 27 caracteres del alfabeto y la regla para cifrar mensajes se define mediante la regla

$$C(x) = x + 5 \,(\text{mód}\, 27).$$

Luego si queremos enviar el mensaje "GUSTAVO", este saldrá de la siguiente manera:
la letra G es el 6, $C(6) = 6 + 5 = 11 \equiv 11$ mód 27, que corresponde a la L; la U es el 21, $C(21) = 21 + 5 = 26 \equiv 26$ mód 27, que corresponde a la Z, y así sucesivamente. Luego el mensaje "GUSTAVO" cifrado con clave 5 es "LZXYFAT". Quien recibe el mensaje, debe descifrarlo usando la función inversa

$$C^{-1}(x) = x - 5 \,(\text{mód}\, 27).$$

Esta forma de cifrar mensajes se puede generalizar usando un cifrado afín, que corresponde a la regla del tipo

$$C_{(a,b)}(x) = ax + b \,(\text{mód}\, n).$$

En este caso para que $C_{(a,b)}(x)$ tenga una inversa bien definida, lo que permitirá descifrar los mensajes sin ambigüedad, se requiere que $\text{mcd}(a, n) = 1$.

Proposición 2.15. *En la definición 2.13, tenemos:*

(1) *La relación congruencia módulo n tiene exactamente n clases de equivalencia distintas.*

(2) *Si $a \equiv b \mod n$ y $c \equiv d \mod n$, entonces $a + c \equiv b + d \mod n$ y $ac \equiv bd \mod n$.*

(3) *Si* $ab \equiv ac \mod n$ *y* a *es relativamente primo con* n*, entonces* $b \equiv c \mod n$.

Dem:

(1) Denotemos por $[a]$ la clase de equivalencia $\mod n$ de a. Dado un entero cualquiera a, por el algoritmo de euclides, $a = kn + r$ donde $0 \leq r < n$. Luego $a - r = kn \Rightarrow a \in [r] \Rightarrow [a] = [r]$. Por lo tanto hay a lo más n clases, estas son, $[0], [1], \cdots, [n-1]$. Además todas ellas son distintas, ya que si $[i] = [j]$, podemos supones que $0 \leq i < j < n$, entonces $n \mid (j - i)$, lo cual es imposible pues $j - i < n$.

(2) Si $a \equiv b \mod n$ y $c \equiv d \mod n$, entonces: $n \mid (a - b) \wedge n \mid (c - d) \Rightarrow a - b = k_1 n \wedge c - d = k_2 n$, $k_1, k_2 \in \mathbb{Z} \Rightarrow (a-b)+(c-d) = (k_1+k_2)n \Rightarrow (a+c)-(b+d) = (k_1+k_2)n \Rightarrow a + c \equiv b + d \mod n$.

Por otro lado, $a = b + k_1 n \wedge c = d + k_2 n \Rightarrow ac = bd + (bk_2 + dk_1 + k_1 k_2 n)n \Rightarrow n \mid (ac - bd) \Rightarrow ac \equiv bd \mod n$.

(3) Si $ab \equiv ac \mod n$, entonces $n \mid a(b - c)$ y como $\text{mcd}(a, n) = 1$, necesariamente $n \mid (b - c) \Rightarrow b \equiv c \mod n$.

Observación 2.16.

(1) Para $m \in \mathbb{Z}$, la clase de equivalencia mod n se acostumbra a denotar por $[m] = \bar{m}$, pero en lo que resta del libro, nosotros las denotaremos simplemente por $[m] = m$, siempre que no exista motivo de confusión, por lo tanto, el conjunto de clases de equivalencias mod n en los enteros es $\mathbb{Z}_n = \{[0], [1], ..., [n-1]\} = \{0, 1, ..., n-1\}$.

(2) La proposición 2.15 permite definir las operaciones de adición y multiplicación en el conjunto de clases de equivalencia módulo n por:

$$\forall a, b \in \mathbb{Z}: \ [a] + [b] = [a+b] \ \wedge \ [a][b] = [ab]$$

las cuales están bien definidas, ya que por proposición 2.15 (2), estas no dependen del representante de la clase.

Ejemplo 2.17. Sea $\mathbb{R}^2$ el conjunto de todos los puntos del plano real. Definamos: $\forall a, b \in \mathbb{R}^2$, $a \sim b \iff a \wedge b$ equidistan del origen. Dejamos de ejercicio verificar que esta relación es una relación de equivalencia sobre $\mathbb{R}^2$. ¿A que corresponden en $\mathbb{R}^2$ las distintas clases de equivalencia?. Dibújelas (ver ejemplo 2.9 (2), familia $\mathcal{A}_2$)

Definición 2.18. Si S es un conjunto no vacío, denotemos por $A(S)$ el conjunto de todas las aplicaciones biyectivas de S sobre sí mismo, es decir: $A(S) = \{\sigma : S \to S \mid \sigma \text{ biyectiva}\}$. Este conjunto también recibe el nombre de *permutaciones del conjunto S.*

Para $\sigma, \tau \in A(S)$, denotamos por $\sigma \circ \tau$ la composición de σ y τ.

Teorema 2.19. *Si* σ, τ, $\mu \in A(S)$, *entonces:*

(1) $\sigma \circ \tau \in A(S)$.

(2) $(\sigma \circ \tau) \circ \mu = \sigma \circ (\tau \circ \mu)$.

(3) $\exists\, \iota \in A(S)$ (aplicación identidad) *tal que* $\sigma \circ \iota = \iota \circ \sigma = \sigma$.

(4) $\forall\, \sigma \in A(S)$, $\exists\, \sigma^{-1} \in A(S)$ *tal que* $\sigma \circ \sigma^{-1} = \sigma^{-1} \circ \sigma = \iota$.

Dem: Estas propiedades han sido visto anteriormente en otras asignaturas, por consiguiente omitimos la demostración.

Observación 2.20.

(1) Cuando S es finito, digamos $\#S = n$, podemos pensar que $S = \{x_1, x_2, ..., x_n\}$, o más sencillo, $S = \{1, 2, ..., n\}$, y entonces todas las permutaciones de S es llamado el grupo simétrico de n elementos y denotado por S_n. Las permutaciones de S_n pueden representarse por la acción sobre cada uno de sus elementos. Por ejemplo, si $S = \{x_1, x_2, x_3, x_4\}$ y $\sigma \in S_4$ está dada por:

$$\sigma(x_1) = x_2; \quad \sigma(x_2) = x_4; \quad \sigma(x_3) = x_1; \quad \sigma(x_4) = x_3,$$

entonces podemos representar σ por:

$$\sigma = \begin{pmatrix} 1 & 2 & 3 & 4 \\ 2 & 4 & 1 & 3 \end{pmatrix}, \text{ o más abreviado, } \quad \sigma = (1\ 2\ 4\ 3),$$

donde en el primer caso, la primera fila indica los puntos del dominio, y la segunda fila las respectivas imágenes, mientras que en la segunda notación, se lee de izquierda a derecha de la siguiente manera: x_1 va a x_2, x_2 va a x_4, x_4 va a x_3 y x_3 va a x_1. En esta notación si algún elemento no aparece, quiere decir que queda fijo por la acción de la función. Por ejemplo, si tenemos $\tau = (1\ 3) \in S_4$, entonces la acción sobre los elementos de S es: x_1 va a x_3, x_3 va a x_1, mientras que x_2 y x_4 quedan fijos. La función identidad, o la permutación identidad se representa por $e = (\ 1\ )$

(2) Supongamos que S tiene más de dos elementos y consideremos tres elementos distintos $x_1, x_2, x_3 \in S$. Definamos las aplicaciones $\sigma : S \to S$ y $\tau : S \to S$ por: $\sigma = (1\ 2\ 3)$ y $\tau = (2\ 3)$. Entonces: $(\sigma \circ \tau)(x_1) = x_2$ y $(\tau \circ \sigma)(x_1) = x_3$ de donde $\sigma \circ \tau \neq \tau \circ \sigma$. Así tenemos la siguiente proposición.

Proposición 2.21. Si S tiene más de dos elementos, podemos encontrar $\sigma, \tau \in A(S)$ tales que $\sigma \circ \tau \neq \tau \circ \sigma$.

2.2. **Ejercicios de la sección.**

(1) En el conjunto $\mathbb{N}$ se define la relación $a * b = a(b+2)\ \forall a, b \in \mathbb{N}$. ¿Es $*$ una ley de composición interna?

(2) Para cada uno de los conjuntos y relaciones dadas a continuación, determine cuáles definen relaciones de equivalencia. Si la relación es de equivalencia, describa las clases de equivalencia.

(a) $\forall a, b \in \mathbb{Z},\ a \sim b \iff ab \geq 0.$

(b) $\forall a, b \in \mathbb{Z},\ a \sim b \iff a > b \ \wedge\ b > a.$

(c) $\forall x, y \in \mathbb{R},\ x \sim y \iff |x - y| \leq 3.$

(d) Si A es el conjunto de todos los seres humanos vivos, definimos:

$$\forall a, b \in A,\ a \sim b \iff a \text{ y } b \text{ tienen un antecesor común.}$$

(e) Para el mismo conjunto anterior, definimos:

$$\forall a, b \in A,\ a \sim b \iff a \text{ vive a menos de 100 kilómetros de distancia de donde vive } b.$$

(f) Sea A el conjunto de todas las rectas del plano:

$$\forall a, b \in A,\ a \sim b \iff a \text{ es paralela a } b.$$

(3) En $\mathbb{R}^2$ definimos la relación:

$$\forall (x_1, y_1), (x_2, y_2) \in \mathbb{R}^2,\ (x_1, y_1) \sim (x_2, y_2) \iff x_2 = x_1 + n, y_2 = y_1 + m, n, m \in \mathbb{Z}.$$

Verifique que $\sim$ es una relación de equivalencia, determine las clases de equivalencia y un subconjunto de $\mathbb{R}^2$ que contenga exactamente un representante de cada clase.

(4) Encuentre el número de relaciones de equivalencia posibles en un conjunto S según tenga: 1 elemento; 2 elementos y 3 elementos.

(5) Si el conjunto S tiene n elementos, pruebe que S_n tiene $n!$ (factorial de n) elementos.

(6) Si el conjunto S tiene un número finito de elementos, pruebe que:

(a) $\sigma : S \to S$ función sobreyectiva $\Rightarrow$ σ inyectiva.

(b) $\sigma : S \to S$ función inyectiva $\Rightarrow$ σ sobreyectiva.

(c) Pruebe con un ejemplo que tanto (a) y (b) son falsas si S tiene infinitos elementos.

(7) Si $\sigma, \tau : S \longrightarrow S$ son funciones, pruebe que:

(a) $\sigma \circ \tau$ sobreyectiva, no necesariamente σ y τ lo son.

(b) $\sigma \circ \tau$ inyectiva, no necesariamente σ y τ lo son.

(8) Un conjunto S se dice $infinito$ si hay una correspondencia biyectiva entre S y un subconjunto propio de S. Pruebe que:

(a) El conjunto de los enteros es infinito.

(b) El conjunto de los números reales es infinito.

(c) Si un conjunto S tiene un subconjunto A que es infinito, entonces S debe ser infinito.

3. CAPÍTULO II - GRUPOS

3.1. Grupos.

Comenzamos este capítulo estudiando un objeto algebraico denominado "grupo", el cual es la base de la construcción de la gran estructura llamada álgebra abstracta.

Sólo como una simple motivación, la estructura de grupo nos permite resolver sencillos problemas matemáticos, como por ejemplo, una ecuación lineal con una incógnita.

Definición 3.1. Un conjunto no vacío G se dice que forma un *grupo* si en G está definida una operación binaria

$$* : G \times G \longrightarrow G, \quad (a, b) \to *(a, b) = a * b \quad \text{tal que}$$

(1) $\forall a, b, c \in G,\ a * (b * c) = (a * b) * c$ (ley asociativa),

(2) $\exists\ e \in G$ tal que $\forall a \in G :\ a * e = e * a = a$ (existencia de elemento neutro o elemento identidad en G),

(3) $\forall a \in G,\ \exists\ a^{-1} \in G$ tal que $a * a^{-1} = a^{-1} * a = e$ (existencia de inversos en G).

En este caso decimos que $(G, *)$ es un grupo o tiene estructura de grupo.

Observación 3.2.

(1) Algunos autores incorporan a la definición de grupo una cuarta propiedad, que es la de clausura, que es equivalente a verificar si la operación es una operación binaria, es decir, verificar que $\forall a, b \in G,\ a * b \in G$.

(2) En la definición 3.1, si la operación es aditiva, entonces (2) y (3) se escriben como:

   $(2')$ $\exists\ 0 \in G$ tal que $\forall a \in G : a + 0 = 0 + a = a$, y

   $(3')$ $\forall a \in G,\ \exists\ -a \in G$ tal que $a + (-a) = (-a) + a = 0$.

En el caso que la operación es multiplicativa, entonces (2) y (3) se escriben como:

$(2'')$ $\exists\, 1 \in G$ tal que $\forall a \in G : a1 = 1a = a$, y

$(3'')$ $\forall a \in G$, $\exists\, a^{-1} \in G$ tal que $aa^{-1} = a^{-1}a = 1$.

(3) En un grupo G, podemos operar un elemento $a \in G$ consigo mismo una o varias veces, es decir: $a * a \in G$, $a * a * a \in G$, $a*a*a*a \in G$, $a^{-1}*a^{-1} \in G$, $a^{-1}*a^{-1}*a^{-1} \in G$, lo que denotamos respectivamente por: $a^2 \in G$, $a^3 \in G$, $a^4 \in G$, $a^{-2} \in G$, $a^{-3} \in G$, y en general, $a^n \in G, \forall n \in \mathbb{Z}$, donde $a^0 = e$. De esta observación tenemos la siguiente definición:

Definición 3.3.

(1) Para un G grupo, definimos el orden de G, denotado indistintamente por $\circ(G)$, $\#G$ o $|G|$, al número de elementos que posee G. Cuando el orden es finito, el grupo se llama finito. Así por ejemplo, si $\circ(S) = n$, entonces $\circ(S_n) = n!$. Si G tiene infinitos elementos, entonces $\circ(G) = \infty$.

(2) Si G es un grupo y $a \in G$, el orden o período de a es el entero positivo mínimo m tal que $a^m = e$. Si no existe tal entero, decimos que a es de orden infinito. Denotamos por $\circ(a)$ para indicar el orden de a.

Observación 3.4. En la observación 2.20 (2), al considerar un conjunto S no vacío y $G = A(S)$ el conjunto de todas las biyecciones de S en si mismo con la operación composición de funciones, encontramos dos elementos $\sigma, \tau \in A(S)$ tal que $\sigma \circ \tau \neq \tau \circ \sigma$, lo que motiva la siguiente definición.

Definición 3.5. Un grupo $(G, *)$ se dice *abeliano* o *conmutativo* si

$$\forall\, a, b \in G \;\Rightarrow\; a * b = b * a.$$

Si el grupo no es abeliano, se dice *no abeliano* o *no conmutativo.*

Observación 3.6.

(1) De la observación 3.4, los grupos no abelianos existen.

(2) Cuando se tiene un grupo finito con una operación, podemos escribir su tabla de multiplicación, en cuyo caso cada fila y cada columna deben contener todos los elementos del conjunto sin repetición. Además, será abeliano, si los elementos sobre la diagonal son exactamente los mismo bajo la diagonal.

Por otro lado, dada una tabla de multiplicación con estas caracteristicas, no necesariamente representa la operación de un grupo. Por ejemplo la siguiente tabla:

$*$	e	a	b	c	d
e	e	a	b	c	d
a	a	e	c	d	b
b	b	d	e	a	c
c	c	b	d	e	a
d	d	c	a	b	e

satisface esta propiedad (no hay repeticiones de sus elementos en filas y en columnas), sin embargo no es la tabla de multiplicar de un grupo, a menos que $e = a = b = c = d$, lo que quedará aclarado más adelante (teorema de Lagrange).

Ejemplo 3.7. Estudiemos algunos ejemplos de grupos.

(1) Sea $G = \mathbb{Z}$ y $*$ la suma usual de números enteros, es decir, $a * b = a + b$. Es fácil verificar que $(\mathbb{Z}, +)$ es un grupo abeliano infinito, donde el neutro es el 0 y el inverso de un elemento $a \in \mathbb{Z}$ es $a^{-1} = -a$.

(2) Sea $G = \{1, -1\}$ con $*$ multiplicación usual de números. Entonces $(G, *)$ es un grupo de orden 2. La tabla de multiplicar es:

$\cdot$	1	-1
1	1	-1
-1	-1	1

(3) Sea $G = 2\mathbb{Z}$ el conjunto de los enteros pares, entonces $2\mathbb{Z}$ es un grupo. En efecto:

(a) $\forall\ x, y \in 2\mathbb{Z},\ x = 2n \ \wedge\ y = 2m,\ n, m \in \mathbb{Z} \ \Rightarrow$ $x + y = 2(n + m) \in 2\mathbb{Z}$ (clausura)

(b) El neutro es el 0.

(c) El inverso de $x = 2n \in 2\mathbb{Z}$ es $-x = 2(-n) \in 2\mathbb{Z}$.

(d) La propiedad asociativa es consecuencia del hecho de que en $\mathbb{Z}$ vale la asociatividad y $2\mathbb{Z} \subset \mathbb{Z}$.

Por consiguiente $2\mathbb{Z}$ es un grupo, y por ende, un grupo aditivo.

(4) Sea $G = \mathbb{R}^2 = \mathbb{R} \times \mathbb{R} = \{(x, y) \mid x, y \in \mathbb{R}\}$ el conjunto de pares ordenados de números reales. En $\mathbb{R}^2$ definimos la operación $*$ por:

$$\forall (a, b), (c, d) \in \mathbb{R}^2 : (a, b) * (c, d) = (ac - bd, ad + bc).$$

Entonces $(\mathbb{R}^2 \setminus \{(0, 0)\}, *)$ es un grupo abeliano. En efecto:

(a) Clausura: $\forall\ (a, b), (c, d) \in \mathbb{R}^2 \setminus \{(0, 0)\} \Rightarrow$ $(a, b) * (c, d) \neq (0, 0) \Rightarrow (a, b) * (c, d) \in \mathbb{R}^2 \setminus \{(0, 0)\}$.

(b) Neutro multiplicativo: $(1, 0) \in \mathbb{R}^2 \setminus \{(0, 0)\}$.

(c) Inversos: $\forall\ (a, b) \in \mathbb{R}^2 \setminus \{(0, 0)\}$,
$(a, b)^{-1} = (\frac{a}{a^2+b^2}, \frac{-b}{a^2+b^2}) \in \mathbb{R}^2 \setminus \{(0, 0)\}$.

(d) Conmutatividad y asociatividad resultan del hecho de que en $\mathbb{R}$ se cumple estas propiedades.

(5) Sea $\mathbb{C} = \{a + bi \mid a, b \in \mathbb{R}, i^2 = -1\}$ el conjunto de números complejos. Definimos en $\mathbb{C}$ la suma de números complejos por: $\forall a + bi, c + di \in \mathbb{C} : (a + bi) + (c + di) = (a + c) + (b + d)i$. Entonces

es fácil verificar que $(\mathbb{C}, +)$ es un grupo abeliano, donde el neutro aditivo es $0 = 0 + 0i$ y el inverso de $a + bi$ es $-a - bi$.

También en el conjunto $\mathbb{C}$ de números complejos definimos la multiplicación por: $\forall a + bi, c + di \in \mathbb{C}$:

$(a + bi)(c + di) = ac - bd + (ad + bc)i$, entonces

$\mathbb{C}^* = \mathbb{C} \setminus \{0\}$ con la multiplicación es un grupo abeliano, donde el neutro multiplicativo es $1 = 1 + 0i$ y el inverso multiplicativo de $a + bi \in \mathbb{C}^*$ es $(a + bi)^{-1} = \frac{a}{a^2+b^2} - \frac{bi}{a^2+b^2}$. Observe lo parecido de este grupo multiplicativo con el grupo multiplicativo $\mathbb{R}^2 \setminus \{(0, 0)\}$ del ejemplo anterior.

(6) Llamaremos *grupo de Klein* al grupo de cuatro elementos $V_4 = \{e, a, b, c\}$ con la tabla de multiplicar siguiente:

$*$	e	a	b	c
e	e	a	b	c
a	a	e	c	b
b	b	c	e	a
c	c	b	a	e

Este grupo tiene la particularidad de que cada uno de sus elementos es su propio inverso y además es abeliano.

(7) Veamos otro grupo de orden 4 distinto al grupo de Klein. Sea $G = \mathbb{Z}_4 = \{0, 1, 2, 3\}$ con la siguiente tabla de operación:

$+$	0	1	2	3
0	0	1	2	3
1	1	2	3	0
2	2	3	0	1
3	3	0	1	2

Note que $(\mathbb{Z}_4, +)$ corresponde al grupo obtenido de $\mathbb{Z}$ por la relación congruencia $\mod 4$. En este grupo, el inverso de 1 es 3 y 2 es su propio inverso. Además podemos ver por la tabla de operación que es abeliano.

Es claro que los grupos V_4 y $\mathbb{Z}_4$ son distintos, ¿habrá otro grupo de orden 4 distinto a V_4 y $\mathbb{Z}_4$?

(8) Sea $S_3 = A(\{x_1, x_2, x_3\})$ el grupo de todas las permutaciones de un conjunto de tres elementos. Entonces S_3 es un grupo de orden $\circ(S_3) = 3! = 6$ elementos. Veamos cuales son estos elementos y construyamos su tabla de multiplicar.

Consideremos las funciones: $\rho_0 = (\ 1\ )$, $\rho_1 = (1\ 2\ 3)$, $\rho_2 = (1\ 3\ 2)$, $\mu_1 = (2\ 3)$, $\mu_2 = (1\ 3)$ y $\mu_3 = (1\ 2)$, entonces $\mu_3^2 = e$, $\rho_1^3 = e$, $\mu_3\rho_1 = \mu_1$ y $\rho_1\mu_3 = \mu_2$, de donde podemos ver que $\mu_3\rho_1 \neq \rho_1\mu_3$, además $\rho_1^3 = e$ y por lo tanto $\rho_1^{-1} = \rho_1^2$. También tenemos que $\rho_1^2 = \rho_2$ y $\rho_2\mu_3 = \mu_1$, y por lo tanto $\mu_3\rho_1 = \rho_2\mu_3$. A continuación mostramos la tabla de multiplicación del grupo S_3:

$\cdot$	ρ_0	ρ_1	ρ_2	μ_1	μ_2	μ_3
ρ_0	ρ_0	ρ_1	ρ_2	μ_1	μ_2	μ_3
ρ_1	ρ_1	ρ_2	ρ_0	μ_2	μ_3	μ_1
ρ_2	ρ_2	ρ_0	ρ_1	μ_3	μ_1	μ_2
μ_1	μ_1	μ_3	μ_2	ρ_0	ρ_2	ρ_1
μ_2	μ_2	μ_1	μ_3	ρ_1	ρ_0	ρ_2
μ_3	μ_3	μ_2	μ_1	ρ_2	ρ_1	ρ_0

Note que el conjunto $\{\rho_0, \rho_1, \rho_2\}$ constituyen por si solo un grupo, pues forman un conjunto cerrado para la multiplicación con elemento unidad, lo cual se verifica directamente de la tabla de multiplicar.

El grupo S_3 puede realizarse como el grupo de rotaciones y simetrías de un triángulo equilátero en el plano respecto a sus vértices. En este caso el elemento de orden tres, ρ_1, corresponde a una rotación de ángulo $2\pi/3$ radianes respecto del centro del triángulo, y los elementos de orden dos, μ_1, μ_2 y μ_3 corresponden a las reflexiones de las simetrales del triángulo. Este grupo también es conocido como el "3-ésimo grupo diédrico D_3". En general el "n-ésimo grupo diédrico D_n", es el grupo de simetrías del n-ágono regular.

(9) Estudiemos ahora el grupo de rotaciones y simetrías del cuadrado, es decir, el 4-ésimo grupo diédrico D_4, también llamado el grupo octal. Si enumeramos los vértices del cuadrado por 1, 2, 3 y 4, entonces tenemos la rotación ψ de ángulo $\pi/2$ radianes centrada en el centro del cuadrado que corresponde a un elemento de orden 4 y cuatro reflexiones o elementos de orden 2, dos obtenidas al considerar las diagonales del cuadrado, φ y τ (dos reflexiones) y las otras dos obtenidas al considerar las rectas que unen los puntos medios de los lados opuestos del cuadrado, η y μ. Estas funciones con respecto a los vértices son:
$e = (1)$, $\psi = (1\ 2\ 3\ 4)$, $\psi^2 = (1\ 3)(2\ 4)$, $\psi^3 = (1\ 4\ 3\ 2)$, $\varphi = (2\ 4)$, $\tau = (1\ 3)$, $\eta = (1\ 2)(3\ 4)$ y $\mu = (1\ 4)(2\ 3)$. Por medio de la tabla de operación, verificamos que estos ocho elementos constituyen un sistema cerrado respecto a la composición de funciones.

$\circ$	e	ψ	ψ^2	ψ^3	φ	τ	η	μ
e	e	ψ	ψ^2	ψ^3	φ	τ	η	μ
ψ	ψ	ψ^2	ψ^3	e	η	μ	τ	φ
ψ^2	ψ^2	ψ^3	e	ψ	τ	φ	μ	η
ψ^3	ψ^3	e	ψ	ψ^2	μ	η	φ	τ
φ	φ	μ	τ	η	e	ψ^2	ψ^3	ψ
τ	τ	η	φ	μ	ψ^2	e	ψ	ψ^3
η	η	φ	μ	τ	ψ	ψ^3	e	ψ^2
μ	μ	τ	η	φ	ψ^3	ψ	ψ^2	e

Así las rotaciones y simetrías del cuadrado forman un grupo de orden 8, el cual no es abeliano. Además, al igual que en grupo D_3, el conjunto $\{e, \psi, \psi^2, \psi^3\}$ constituyen por si solo un grupo.

(10) Sea n un entero positivo. Construímos un grupo G de orden n como sigue: $G = \{a^i \mid i = 0, 1, ..., n-1\}$ en donde,

$$a^0 = a^n = e,\ a^i a^j = a^{i+j} \text{ si } i+j \leq n \text{ y } a^i a^j = a^{i+j-n} \text{ si } i+j > n.$$

Queda como ejercicio verficar que este conjunto constituye un grupo.

El grupo G así contruído se llama *grupo cíclico de orden n generado por a* y denotado por $< a >$.

Un grupo cíclico de orden n puede realizarse en el plano considerando una circunferencia C de radio 1 centrada en el origen y tomando sobre ella las raíces n-ésimas de la unidad, $\{1, w, w^2, ..., w^{n-1}\}$.

Equivalentemente, sobre la circunferencia C de radio 1, considerar ρ_n una rotación de ángulo $2\pi/n$ radianes centrada en el origen $(0,0)$. Entonces $\rho_n \in A(C)$ genera el grupo de orden n, $< \rho_n > = \{e,\ \rho_n,\ \rho_n^2,\ ...,\ \rho_n^{n-1}\}$.

De manera análoga, diremos que el grupo G es finitamente generado, si $\exists\ a_1, ..., a_k \in G$ tal que

$$G =< a_1, ..., a_k >= \{g = a_1^{n_1} a_2^{n_2} \cdots a_k^{n_k} \mid n_1, ..., n_k \in \mathbb{Z}\}.$$

En este caso G puede ser de orden finito o infinito, dependiendo del orden de cada uno de sus generadores.

(11) Sea $M_2(\mathbb{R}) = \{ \begin{pmatrix} a & b \\ c & d \end{pmatrix} \mid a, b, c, d \in \mathbb{R}\}$ el conjunto de las matrices cuadradas 2×2 con entradas números reales y $GL_2(\mathbb{R}) = \{A \in M_2(\mathbb{R}) \mid \det(A) \neq 0\}$, es decir, el subconjunto de matrices invertibles. Entonces $GL_2(\mathbb{R})$ con la operación multiplicación usual de matrices es un grupo, también llamado *grupo lineal general.* En efecto:

(a) $\forall\ A, B \in GL_2(\mathbb{R})$, $\det(A) \neq 0 \ \wedge\ \det(B) \neq 0 \Rightarrow \det(AB) = \det(A)\det(B) \neq 0 \Rightarrow AB \in GL_2(\mathbb{R})$ (clausura).

(b) La propiedad asociativa se verifica con un fácil cálculo.

(c) El elemento identidad es la matriz $I = \begin{pmatrix} 1 & 0 \\ 0 & 1 \end{pmatrix} \in GL_2(\mathbb{R})$.

(d) $\forall\ A = \begin{pmatrix} a & b \\ c & d \end{pmatrix} \in GL_2(\mathbb{R})$,

$\exists\ A^{-1} = \frac{1}{ad-bc} \begin{pmatrix} d & -b \\ -c & a \end{pmatrix} \in GL_2(\mathbb{R})$ tal que

$AA^{-1} = A^{-1}A = I$ (existencia de inversos).

Por lo tanto $GL_2(\mathbb{R})$ con el producto de matrices tiene estructura de grupo.

Ahora si consideramos el conjunto

$SL_2(\mathbb{R}) = \{A \in M_2(\mathbb{R}) \mid \det(A) = 1\}$, entonces $SL_2(\mathbb{R})$ con la multipplicación de matrices también tiene estructura de grupo, llamado *grupo lineal especial.*

Proposición 3.8. *Sea G un grupo, entonces:*

(1) *el elemento neutro e de G es único.*

(2) *el inverso a^{-1} de un elemento $a \in G$ es único.*

(3) $\forall\, a \in G,\ (a^{-1})^{-1} = a.$

(4) $\forall\, a, b \in G,\ (a \cdot b)^{-1} = b^{-1} \cdot a^{-1}.$

Dem:

(1) Sean e y $\tilde{e}$ elementos neutros de G, debemos probar que $e = \tilde{e}$. Tenemos:

$$\left.\begin{array}{l} e \text{ elemento neutro } \Rightarrow\ e \cdot \tilde{e} = \tilde{e} \cdot e = \tilde{e} \\ \tilde{e} \text{ elemento neutro } \Rightarrow\ e \cdot \tilde{e} = \tilde{e} \cdot e = e \end{array}\right\} \Rightarrow\ e = \tilde{e}.$$

(2) Sean x e y inversos de $a \in G$, debemos probar que $x = y$. Tenemos:

$x \cdot a = a \cdot x = e = y \cdot a = a \cdot y\ \Rightarrow\ (\ (i)\ x \cdot a = y \cdot a \wedge (ii)\ a \cdot x = a \cdot y\ )$

Resolviendo (i) o (ii) obtenemos:

$x \cdot a = y \cdot a\ /\ a^{-1}$ (por la derecha) $\Rightarrow\ (x \cdot a) \cdot a^{-1} = (y \cdot a) \cdot a^{-1}\ \Rightarrow$

$$x \cdot (a \cdot a^{-1}) = y \cdot (a \cdot a^{-1})\ \Rightarrow\ x \cdot e = y \cdot e\ \Rightarrow\ x = y.$$

(3) Como $a \cdot a^{-1} = e$ tenemos que el inverso de a^{-1} es a, es decir: $(a^{-1})^{-1} = a$.

(4) Procediendo igual que en (3), tenemos que $\forall a, b \in G$:

$$(a \cdot b) \cdot (b^{-1} \cdot a^{-1}) = a \cdot (b \cdot b^{-1}) \cdot a^{-1} = a \cdot (e) \cdot a^{-1} = a \cdot a^{-1} = e,$$

$$(b^{-1} \cdot a^{-1})(a \cdot b) = b^{-1} \cdot (a^{-1} \cdot a) \cdot b = b^{-1} \cdot (e) \cdot b = b^{-1} \cdot b = e,$$

por lo tanto el inverso de $a \cdot b$ es $b^{-1} \cdot a^{-1}$, es decir, $(a \cdot b)^{-1} = b^{-1} \cdot a^{-1}$.

Observación 3.9. En la proposición 3.8 (2), se resolvió una ecuación, lo que pudo ser realizado por el hecho de estar trabajando con elementos de un grupo. Esto motiva la siguiente proposición.

Proposición 3.10. *Sea G un grupo y $a, b \in G$, entonces las ecuaciones $a \cdot x = b$ e $y \cdot a = b$ tienen soluciones únicas para x e y en G. En particular, se verifican las leyes de cancelación en G:*

$$(\ a \cdot u = a \cdot w\ \Rightarrow\ u = w\ )\ \wedge\ (\ u \cdot a = w \cdot a\ \Rightarrow\ u = w\ )$$

Dem: Se deja como ejercicio.

3.2. **Ejercicios de la sección.**

(1) Sea $\Omega \neq \emptyset$ y considere $\mathcal{P}(\Omega)$ el conjunto de subconjuntos de Ω. Para
$A, B \in \mathcal{P}(\Omega)$, determine cuales de las siguientes operaciones definidas sobre $\mathcal{P}(\Omega)$ son operaciones binarias y cuales son abelianas:
   (a) Unión: $A * B = A \cup B$
   (b) Intersección: $A * B = A \cap B$
   (c) Diferencia simétrica:
   $A \triangle B = (A \cap B^c) \cup (A^c \cap B) = (A \cup B) \setminus (A \cap B)$.

(2) Determine cuáles de las siguientes operaciones binarias sobre $\mathbb{Z}$ son asociativas y cuáles conmutativas: (a) $m * n = m - n$; (b) $m * n = m^2 + n^2$; (c) $m * n = 2(m + n)$; (d) $m * n = -m - n$

(3) Determine si el sistema descrito es o no un grupo. De no serlo, señale cual propiedad de grupo no se cumple.
   (a) $G = \mathbb{Z}$, $a \cdot b = a - b$.
   (b) $G = \mathbb{Z}^+$, $a \cdot b = ab$.
   (c) $G = \{a_0, a_1, ..., a_6\}$, $a_i \cdot a_j = a_{i+j}$ si $i + j < 7$, $a_i \cdot a_j = a_{i+j-7}$ si $i + j \geq 7$
   (d) $G = \{\frac{a}{b} \in \mathbb{Q} \mid b \text{ impar}\}$, $a \cdot b = a + b$.
   (e) $G = \mathbb{R} - \{0\}$, $a \cdot b = ab$.
   (f) $G = \mathbb{C}$, $a \cdot b = a + b$

(4) Sea p un número primo. Definimos los conjuntos

$$Q_p = \{\tfrac{a}{b} \in \mathbb{Q} \mid \mathrm{mcd}(b,p) = 1\} \quad \wedge \quad Q^p = \{\tfrac{a}{b} \in \mathbb{Q} \mid b = p^i, i \geq 0\}.$$

Probar que Q_p y Q^p son grupos abelianos con la suma de $\mathbb{Q}$.

(5) Sobre el conjunto $\{e, a, b\}$, defina una operación binaria tal que satisfaga las propiedades de elemento neutro, elementos inversos, pero que no sea asociativa.

(6) Sea $G = \{a + b\sqrt[3]{3} + c\sqrt[3]{9} \mid a, b, c \in \mathbb{Z}\}$. Determmine si G con la mutiplicación usual es un grupo.

(7) Sea $G = \{z = \cos\theta + i\sin\theta \mid \theta \in \mathbb{Q}\} \subset \mathbb{C}$. Determine si G tiene estructura de grupo abeliano con la multiplicación usual de números complejos.

(8) La siguiente tabla es la tabla de multiplicar de un grupo. Complete los espacios que faltan:

$*$	e	a	b	c	d
e	e				
a		b			e
b		c	d	e	
c		d		a	b
d					

(Sugerencia: comience probando que e es el neutro del grupo.)

(9) Sea G un grupo con la propiedad: $\forall a, b, c \in G, ab = ca \Rightarrow b = c$. Pruebe que G es abeliano.

(10) Sea G un grupo.

(a) Si $\circ(G) = 3$, pruebe que G es abeliano.

(b) ¿Qué puede decir si $\circ(G) = 4$?

(11) Sea $G = \mathbb{R} - \{0\}$ con la operación $a * b = |a|b$.

(a) Pruebe que $*$ da una operación binaria sobre G.

(b) Pruebe que existe un elemento neutro por la izquierda para $*$ y un inverso por la derecha para cada elemento de G.

(c) Con esta operación binaria, ¿es G un grupo?

(d) Explique la importancia de este ejercicio.

(12) Sea $G = \mathbb{R} - \{-1\}$. Definamos en G la operación $a * b = a + b + ab$.

(a) Pruebe que $*$ es una operación binaria en G.

(b) Pruebe que G con esta operación es un grupo.

(c) Encuentre la solución de la ecuación $2 * x * 3 = 7$ en G.

(13) Si G es un grupo abeliano, pruebe que $\forall a, b \in G$, $\forall n \in \mathbb{Z}$, $(a \cdot b)^n = a^n \cdot b^n$.

(14) Sea G un grupo tal que $\forall\ a, b \in G, (a \cdot b)^2 = a^2 \cdot b^2$. Pruebe que G es abeliano.

Este problema es equivalente al siguiente: Sea G un grupo tal que $\forall\ g \in G,\ g^2 \in G$, entonces G es abeliano.)

(15) Sea G un grupo, determine cuales de las siguientes afirmaciones son verdaderas o falsas:

(a) $a = a^{-1} \iff a^2 = e$

(b) $a^m = a^n \Rightarrow m = n$

(c) $(ab)^{-1} = a^{-1}b^{-1} \Rightarrow ab = ba$

(d) G abeliano $\iff \forall a, b \in G,\ (a \cdot b)^2 = a^2 \cdot b^2$.

(16) Considere el $G = \{1, -1, x, -x, x^2, -x^2\}$ donde $x^3 = 1,\ x \neq 1$. Compruebe si G es un grupo para el producto y, en caso afirmativo, determinar si es cíclico.

(17) Sea G un grupo con 8 elementos. Sean $x, y \in G$ tales que $\circ(x) = 4$, $\circ(y) = 2$ y $xy = yx^3$. Determine todos los elementos de G y construya la tabla de multiplicación.

(18) Encuentre en S_3 dos elementos x, y tales que $(x \cdot y)^2 \neq x^2 \cdot y^2$.

(19) Si G es un grupo finito, pruebe que $\exists N \in \mathbb{N}$, tal que $a^N = e$, $\forall a \in G$.

(20) Pruebe que si todo elemento de un grupo G es su propio inverso, entonces G es abeliano.

(21) (a) Dar un ejemplo de un grupo G infinito en el cual existe exactamente un elemento de orden 2.

(b) Dar un ejemplo de un grupo G infinito en el cual todo elemento tiene orden 2, excepto el nuetro.

(22) En un grupo G se satisface la propiedad $(a \cdot b)^{-1} = b^{-1} \cdot a^{-1}$. Determine la expresión análoga para $(a \cdot b^{-1} \cdot c)^{-1}$.

(23) Si $*$ es una operación binaria en un conjunto G, un elemento $a \in G$ se llama *idempotente* si $a * a = a$. Pruebe que un grupo tiene exactamente un elemento idempotente.

(24) Si G es un grupo de orden par, pruebe que el número de sus elementos de orden 2 es impar.

(25) Sea G un grupo de orden impar, pruebe $\forall\, x \in G$, $\exists\, y \in G$ tal que $y^2 = x$.

(26) Determine si el grupo $(\mathbb{Q}, +)$ es finitamente generado.

4. CAPÍTULO III - SUBGRUPOS

4.1. **Subgrupos.** En los ejemplos de grupos obtenidos de las simetrias y rotaciones de un triángulo equilatero y un cuadrado (ejemplo 3.7 (8)-(9)), vimos que en ambos casos hay un subconjunto del grupo que por si solos determinan una estructura de grupo. Esto motiva a estudiar estos subconjuntos y sus propiedades.

Definición 4.1. Un subconjunto H de un grupo G se dice *subgrupo* de G, y lo denotamos por $H \leq G$, si respecto a la operación de G, H mismo es un grupo.

Ejemplo 4.2.

(1) Sea $G = \mathbb{Z}$ el grupo de los enteros con la adición y $H = 2\mathbb{Z}$ los enteros pares, entonces $2\mathbb{Z} \leq \mathbb{Z}$, ya que como vimos en el ejemplo 3.7 (3), $2\mathbb{Z}$ por si solo es un grupo y $2\mathbb{Z} \subset \mathbb{Z}$.

(2) Consideremos el grupo $(\mathbb{Z}_{12}, +)$ de congruencia $\mod 12$ sobre $\mathbb{Z}$. Entonces los subgrupos de $\mathbb{Z}_{12}$ son: $2\mathbb{Z}_{12} = \{0, 2, 4, 6, 8, 10\}$; $3\mathbb{Z}_{12} = \{0, 3, 6, 9\}$; $4\mathbb{Z}_{12} = \{0, 4, 8\}$; $6\mathbb{Z}_{12} = \{0, 6\}$ y $12\mathbb{Z}_{12} = \{0\}$. Por medio de la relación de inclusión, estos subgrupos quedan relacionados de la siguiente forma:

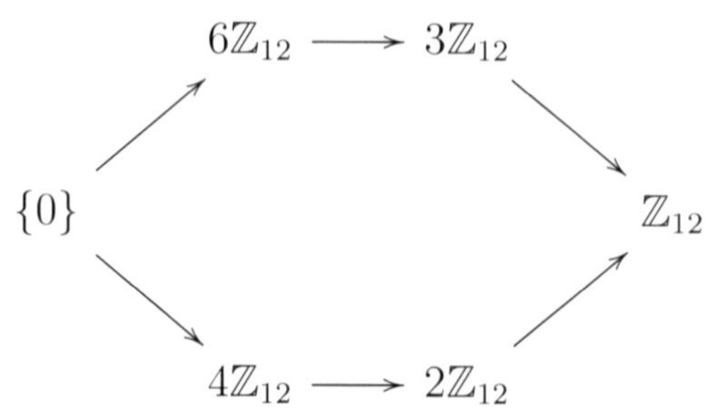

(3) En el ejemplo 3.7 (8) estudiamos el grupo $S_3 = A(\{x_1, x_2, x_3\})$ de todas las aplicaciones biyectivas de un conjunto de tres elementos

en sí mismo, donde el producto es la composición de funciones. Vimos que S_3 es un grupo de orden 6. Veamos ahora cuales subgrupos tiene S_3.

Tenemos que μ_1, μ_2 y μ_3 son elementos de orden 2, luego generan subgrupos de orden 2, y ρ_1 es de orden tres, y por consiguiente genera un subgrupo de orden 3. Veremos más adelante, que los posibles subgrupos de S_3 deben ser de orden 2, 3 y 6 y la lista completa de subgrupos es: $H_1 = \{\rho_0\}$, $H_2 = \{\rho_0, \mu_1\}$, $H_3 = \{\rho_0, \mu_2\}$, $H_4 = \{\rho_0, \mu_3\}$, $H_5 = \{\rho_0, \rho_1, \rho_2\}$ y $H_6 = S_3$.

(4) Repitamos el ejemplo anterior con el grupo de simetrías y rotaciones del cuadrado, donde $S_4 = \{e, \psi, \psi^2, \psi^3, \varphi, \tau, \eta, \mu\}$. Aquí ψ es de orden 4, mientras que ψ^2, φ, τ, η y μ son de orden 2. Por lo tanto, ψ genera un subgrupo de orden 4, mientras que ψ^2, φ, τ, η y μ generan subgrupos de orden 2. En este caso, hay otros dos subgrupo de orden 4. La siguiente lista muestra todos los subgrupos de S_4: $H_1 = \{e\}$, $H_2 = \{e, \psi^2\}$, $H_3 = \{e, \varphi\}$, $H_4 = \{e, \tau\}$, $H_5 = \{e, \eta\}$, $H_6 = \{e, \mu\}$, $H_7 = \{e, \psi, \psi^2, \psi^3\}$, $H_8 = \{e, \varphi, \psi^2, \tau\}$, $H_9 = \{e, \psi^2, \eta, \mu\}$ y $H_{10} = S_4$.

(5) Si G es un grupo, definimos el conjunto

$Z(G) = \{z \in G \mid zx = xz \ \forall x \in G\}$ llamado el centro $Z(G)$ de G. Afirmamos que $Z(G) \leq G$. En efecto:

(a) $\forall\ z, y \in Z(G)$, $\forall x \in G$:

$$(zy)x = z(yx) = z(xy) = (zx)y = (xz)y = x(zy) \Rightarrow$$
$$zy \in Z(G) \text{ (clausura)}.$$

(b) La asociatividad se hereda del grupo G.

(c) $\forall x \in G$, $ex = x = xe \Rightarrow e \in Z(G)$.

(d) $\forall z \in Z(G)$, $\forall x \in G$:

$$zx = xz \;/\; \cdot z^{-1} \text{ (izquierda) } \Longleftrightarrow (z^{-1}z)x = z^{-1}xz \Longleftrightarrow$$
$$x = z^{-1}xz \;/\; \cdot z^{-1} \text{ (derecha) } \Longleftrightarrow xz^{-1} = z^{-1}x(zz^{-1}) = z^{-1}x$$
$$\Rightarrow z^{-1} \in Z(G) \text{ (existencia de inversos).}$$

(6) En el grupo lineal general multiplicativo $GL_2(\mathbb{R})$ de matrices reales invertibles, sea $D(\mathbb{R}) = \{A \in GL_2(\mathbb{R}) \mid \begin{pmatrix} a & 0 \\ 0 & d \end{pmatrix}\}$ el subconjunto de matrices diagonales invertibles, entonces

$D(\mathbb{R}) \leq GL_2(\mathbb{R})$. En efecto, la multiplicación de matrices diagonales es diagonal, y la inversa de $\begin{pmatrix} a & 0 \\ 0 & d \end{pmatrix} \in D(\mathbb{R})$ es $\begin{pmatrix} a & 0 \\ 0 & d \end{pmatrix}^{-1} = \begin{pmatrix} 1/a & 0 \\ 0 & 1/d \end{pmatrix} \in D(\mathbb{R})$ (note que $a \neq 0$ y $b \neq 0$).

Observación 4.3. En el ejemplo 4.2, (3) y (4), en la busqueda de subgrupos de S_3 y S_4, sólo nos preocupamos de aquellos elementos que producen subconjuntos del grupo cerrados para la operación y con elemento identidad, esto nos asegura la existecia de los inversos, y no nos preocupamos de la asociatividad, esto debido a que por ser subconjuntos de un grupo, la propiedad se "hereda".

La siguiente proposición nos permite determinar si un subconjunto H de un grupo G es un subgrupo sin tener que verificar todos los axiomas de grupo.

Proposición 4.4. *Sea $H \neq \emptyset$ un subconjunto de un grupo G, entonces:*

H es un subgrupo de G si y sólo si

(1) $\forall a, b \in H \Rightarrow a \cdot b \in H$ *(caso multiplicativo) o* $a + b \in H$ *(caso aditivo).*

(2) $\forall a \in H \Rightarrow a^{-1} \in H$ *(caso multiplicativo) o* $-a \in H$ *(caso aditivo).*

Es decir,

$$H \leq G \iff H \text{ es cerrado con la operación (clausura) y}$$
$$\text{cada elemento de } H \text{ tiene inverso en } H.$$

Dem:

($\Rightarrow$) Si $H \leq G$ entonces es obvio que se satisface (1) y (2).

($\Leftarrow$) Para verificar que H es un subgrupo, basta probar que $e \in H$ y que la ley asociativa se cumple para elementos de H. Esto último es inmediato pues los elementos de H son elementos de G donde se cumple la asociatividad.

Ahora si $a \in H$ entonces por (2), $\exists a^{-1} \in H$ y por (1),
$e = a \cdot a^{-1} \in H$.

Observación 4.5. En el caso especial de un grupo finito, la situación es más simple, pues podemos prescindir de (2), ¿por qué?

Proposición 4.6. *Sea $H \neq \emptyset$ un subconjunto finito de un grupo G tal que H es cerrado respecto a la operación, entonces $H \leq G$*

Dem: Por proposición 4.4, sólo debemos probar que $\forall a \in H,\ \exists\, a^{-1} \in H$. Como H es cerrado respecto a la operación, tenemos:

$$a \in H \;\Rightarrow\; (\,a^2 = a \cdot a \in H,\ a^3 = a^2 \cdot a \in H,\ \ldots,\quad a^m \in H,\ \ldots)$$

Luego la colección infinita $a, a^2, \ldots ,a^m, \ldots$ está contenida en H, el cual es un subconjunto finito de G, por consiguiente, debe haber repeticiones en esta colección, es decir, $\exists r, s,\ r > s > 0$ tal que $a^r = a^s$. Por cancelación en G, $a^{r-s} = e \in H$ y como $r - s - 1 \geq 0$, $a^{r-s-1} \in H$ y $a^{-1} = a^{r-s-1}$ ya que $a \cdot a^{r-s-1} = a^{r-s} = e$. Por lo tanto, $a^{-1} \in H$.

Ejemplo 4.7.

(1) Sea $G = (\mathbb{Z}, +)$ y $H = 5\mathbb{Z}$ el conjunto de los enteros múltiplo de 5, entonces es fácil verificar que $5\mathbb{Z} \leq \mathbb{Z}$. En general, $\forall n \in \mathbb{Z}$, $n\mathbb{Z}$ es un subgrupo de $\mathbb{Z}$.
¿Qué se puede decir de $n\mathbb{Z} \cap m\mathbb{Z}$?. Respondamos con el caso particular $6\mathbb{Z} \cap 9\mathbb{Z}$. Tenemos:

$$\begin{aligned} 6\mathbb{Z} &= \{0,\ \pm 6,\ \pm 12,\ \pm 18,\ \pm 24,\ \pm 30,\ \pm 36,\ ...\} \wedge \\ 9\mathbb{Z} &= \{0,\ \pm 9,\ \pm 18,\ \pm 36,\ \pm 45,\ \pm 54,\ ...\} \Rightarrow \\ 6\mathbb{Z} \cap 9\mathbb{Z} &= \{0,\ \pm 18,\ \pm 36,\ \pm 54, ...\} = 18\mathbb{Z}. \end{aligned}$$

Notemos que el $\text{mcm}(6,9) = 18$ y podemos concluir que $n\mathbb{Z} \cap m\mathbb{Z} = \text{mcm}(n,m)\mathbb{Z}$.

(2) Sea $S \neq \emptyset$ un conjunto cualquiera y $A(S)$ el grupo de aplicaciones biyectivas de S en sí mismo. Si $x_0 \in S$, sea $H(x_0) = \{\phi \in A(S) \mid \phi(x_0) = x_0\}$, entonces $H(x_0) \neq \emptyset$ (ya que la aplicación identidad de S fija todos los elementos de S, en particular x_0) y $H(x_0) \leq A(S)$.
En efecto, usando la proposición 4.4, tenemos:

(a)

$$\begin{aligned} \phi, \psi \in H(x_0) &\Rightarrow \phi(x_0) = \psi(x_0) = x_0 \Rightarrow \\ (\phi \circ \psi)(x_0) &= \phi(\psi(x_0)) = \phi(x_0) = x_0 \Rightarrow \\ (\phi \circ \psi)(x_0) &= x_0 \Rightarrow \phi \circ \psi \in H(x_0). \end{aligned}$$

(b)

$$\begin{aligned} \phi(x_0) = x_0 &\Rightarrow x_0 = \phi^{-1}(\phi(x_0)) = \phi^{-1}(x_0) \Rightarrow \\ \phi^{-1}(x_0) &= x_0 \Rightarrow \phi^{-1} \in H(x_0). \end{aligned}$$

(3) Sea G un grupo cualquiera y $a \in G$. Sea $< a >= \{a^i \mid i \in \mathbb{Z}\}$. Es fácil verificar que $< a > \leq G$. Este subgrupo corresponde al *subgrupo cíclico generado por a*. Esto provee de un algoritmo para producir subgrupos de un grupo dado.

Si para un grupo G, $\exists\ a \in G$ tal que $G = < a >$, decimos que G es un grupo cíclico. Es claro que todo grupo cíclico es abeliano (es recíproco es falso, es decir, hay grupos abelianos que no son cíclicos).

(4) El grupo $G = \mathbb{Z}$ con la suma es un grupo cíclico, de hecho, $< 1 > = < -1 > = \mathbb{Z}$.

(5) En $(\mathbb{C}^*, \cdot)$ grupo multiplicativo de números complejos no nulos, sea w una raíz n- esima de la unidad, es decir:

$$w = e^{\frac{2\pi i}{n}} = \cos(\tfrac{2\pi}{n}) + i\sin(\tfrac{2\pi}{n}).$$

Entonces w genera un subgrupo de $\mathbb{C}^*$ de n elementos, que son:

$$< w >= \{1, w, w^2, w^3, ..., w^{n-1}\}.$$

Recordando que el valor absoluto de un número complejo es $|a + bi| = \sqrt{a^2 + b^2}$, y que corresponde a la distancia que se encuentra el número complejo del origen, w y todas sus potencias tiene valor absoluto 1, es decir, se encuentran sobre la circunferencia unitaria $x^2 + y^2 = 1$, los cuales constituyen los vértices de un polígono regular de n lados.

(6) Sea G un grupo y $W \subset G$. Sea $< W >$ el conjunto constituído por los elementos de G que pueden ser representados por productos de elementos de W elevados a exponentes positivos, negativos y cero. El conjunto $< W >$ es un subgrupo de G llamado *subgrupo de G generado por W* y es el subgrupo más pequeño que contiene a W (en el sentido de inclusión). El subgrupo $< W >$ es la intersección de todos los subgrupos de G que contienen a W, es decir, $< W > = \cap_{\substack{S \leq G \\ W \subset S}} S$.

(7) Si $K \leq H$ y $H \leq G$ entonces $K \leq G$. Esto es evidente, pues K visto dentro de H satisface todos los axiomas de grupo, de igual modo si lo vemos dentro de un grupo aún más grande.

Definición 4.8. Sea G un grupo y $H \leq G$. Para $a, b \in G$, decimos que *a es congruente con b módulo H*, lo que escribimos como $a \equiv b \mod H$ si y sólo si $ab^{-1} \in H$.

Proposición 4.9. *Sea G un grupo y $H \leq G$, entonces la relación $a \equiv b \mod H$ es una relación de equivalencia.*

Dem: Como $H \leq G$, $e \in H$ y $\forall a \in H, a^{-1} \in H$.

(1) $e = aa^{-1} \in H \Rightarrow a \equiv a \mod H$.

(2) $a \equiv b \mod H \Rightarrow ab^{-1} \in H \Rightarrow (ab^{-1})^{-1} \in H \Rightarrow ba^{-1} \in H \Rightarrow b \equiv a \mod H$.

(3) $a \equiv b \mod H \wedge b \equiv c \mod H \Rightarrow ab^{-1}, bc^{-1} \in H \Rightarrow (ab^{-1})(bc^{-1}) = ac^{-1} \in H \Rightarrow a \equiv c \mod H$.

Observación 4.10. En la definición 4.8, si $G = \mathbb{Z}$ y $H = n\mathbb{Z}$ el subgrupo de los múltiplos de n, entonces $a \equiv b \mod n\mathbb{Z}$ quiere decir que $a-b \in n\mathbb{Z}$, por lo tanto, $a - b$ es un múltiplo de n, y así, $a = b + nk$, para algún $k \in Z$, que no es otra que la relación $a \equiv b \mod n$.

Definición 4.11. Sea G un grupo, $H \leq G$ y $a \in G$, entonces $Ha = \{ha \mid h \in H\} \subset G$ se llama *clase lateral derecha* de H en G. *Análogamente, $aH = \{ah \mid h \in H\} \subset G$ se llama clase lateral izquierda de H en G.*

Observación 4.12. En la definición 4.11, se ha usado notación multiplicativa para las clases laterales, pero si el grupo G es aditivo, entonces las clases laterales derecha e izquierda de H en G son respectivamente: $H + a = \{h + a \mid h \in H\}$ y $a + H = \{a + h \mid h \in H\}$.

Ejemplo 4.13.

(1) Sea $G = (\mathbb{Z}, +)$ y $H = 5\mathbb{Z} \leq \mathbb{Z}$, entonces clases laterales derechas de $5\mathbb{Z}$ en $\mathbb{Z}$ son:

$$5\mathbb{Z}+0=5\mathbb{Z}; \quad 5\mathbb{Z}+1=\{1,-4,6,-9,11,-14,...\};$$
$$5\mathbb{Z}+2=\{2,-3,7,-8,12,-13,...\};$$
$$5\mathbb{Z}+3=\{3,-2,8,-7,13,-12,...\} \quad \wedge$$
$$5\mathbb{Z}+4=\{4,-1,9,-6,14,-11,...\}$$

y las clases laterales izquierdas de $5\mathbb{Z}$ en $\mathbb{Z}$ son:

$$0+5\mathbb{Z}=5\mathbb{Z}; \quad 1+5\mathbb{Z}=\{1,-4,6,-9,11,-14,...\};$$
$$2+5\mathbb{Z}=\{2,-3,7,-8,12,-13,...\};$$
$$3+5\mathbb{Z}=\{3,-2,8,-7,13,-12,...\} \quad \wedge$$
$$4+5\mathbb{Z}=\{4,-1,9,-6,14,-11,...\}.$$

Note que las clases laterales derecha e izquierdas son iguales, es decir, $5\mathbb{Z}+n=n+5\mathbb{Z}$ con $n=0,1,2,3,4$, y que $5\mathbb{Z}+n\neq 5\mathbb{Z}+m$ y $n+5\mathbb{Z}\neq m+5\mathbb{Z}$ si $n\neq m$.

Proposición 4.14. *Sea G un grupo y $H\leq G$, entonces para todo $a\in G$, $Ha=\{x\in G \mid a\equiv x \mod H\}$*

Dem: Sea $[a]=\{x\in G \mid a\equiv x \mod H\}$. Probaremos que $Ha=[a]$, es decir, $Ha\subset[a]$ y $[a]\subset Ha$.

(1) $Ha\subset[a]$. Sea $x\in Ha \Rightarrow x=ha$ para algún $h\in H \Rightarrow$

$$ax^{-1}=a(ha)^{-1}=a(a^{-1}h^{-1})=(aa^{-1})h^{-1}=eh^{-1}=h^{-1}\in H \Rightarrow$$
$$a\equiv x \mod H \Rightarrow x\in[a] \Rightarrow Ha\subset[a].$$

(2) $[a]\subset Ha$. Sea $x\in[a] \Rightarrow a\equiv x \mod H \Rightarrow ax^{-1}\in H \Rightarrow$

$$(ax^{-1})^{-1}=xa^{-1}\in H \Rightarrow xa^{-1}=h \text{ para algún } h\in H \Rightarrow$$
$$x=ha\in Ha \Rightarrow [a]\in Ha.$$

Observación 4.15. Luego tenemos que Ha es la clase de equivalencia de $a\in G$, y estas clases de equivalencia producen una partición de G en subconjuntos disjuntos de G. Por lo tanto, dos clases laterales derechas de H en G o son iguales o son disjuntas. Además podemos observar que existe una correspondencia biyectiva entre dos clases laterales derechas de H en G.

En efecto, sea $\alpha : Ha \longrightarrow Hb$, $ha \rightarrow \alpha(ha) = hb$, entonces claramente α es sobreyectiva. Además:

$$h_1 b = h_2 b,\ h_1, h_1 \in H \Rightarrow h_1 = h_2 \text{ (ley de cancelación)} \Rightarrow$$
$$h_1 a = h_2 a \Rightarrow \alpha \text{ inyectiva.}$$

Por lo tanto hemos probado la siguiente proposición.

Proposición 4.16. *Hay una correspondencia biyectiva entre dos clases laterales derechas de H en G.*

Observación 4.17. Cuando H es un grupo finito, la proposición 4.16 nos dice que dos clases laterales derechas tienen el mismo número de elementos ¿pero cuántos elementos tienen las clases laterales derechas de H en G? Como $H = He$, tenemos que $\circ(Ha) = \circ(He) = \circ(H)$.

Ahora supongamos que G es un grupo finito y sea k el número de clases laterales derechas de H en G, como ellas son disjuntas, tenemos $k \cdot \circ(H) = \circ(G)$, con lo que hemos probado el siguiente teorema.

Teorema 4.18. (Teorema de Lagrange) *Si G es un grupo finito y $H \leq G$, entonces $\circ(H)$ es un divisor de $\circ(G)$, o equivalentemente, $\circ(H) \mid \circ(G)$.*

Definición 4.19. Sea G un grupo y $H \leq G$, el índice de H en G es el número de distintas clases laterales derechas de H en G, denotado por $i_G(H)$.

Luego si G es un grupo finito, $i_G(H) = \frac{\circ(G)}{\circ(H)}$.

Si G es un grupo infinito, ¿puede existir $H \leq G$, $H \neq G$ tal que $i_G(H) < \infty$?

Ejemplo 4.20. Sea $\mathbb{Z}$ el grupo de los enteros con la adición, entonces $\mathbb{Z}$ es un grupo infinito. Sea $2\mathbb{Z} \leq \mathbb{Z}$ el subgrupo consistente de los números pares, entonces $\mathbb{Z}$ tiene sólo dos clases laterales derechas, a saber, $2\mathbb{Z}$ y $2\mathbb{Z}+1$ y están dadas por:

$$2\mathbb{Z} = \{\ 0,\ \pm 2,\ \pm 4,\ \pm 6,\ ....\ \} \ \wedge\ 2\mathbb{Z}+1 = \{\ \pm 1,\ \pm 3,\ \pm 5,\ \pm 7,\ ...\ \},$$

es decir, las clases constituídas por los números pares y por los números impares, por lo tanto, $i_G(H) = 2$.

Observación 4.21. Debido a la importancia que reviste el teorema de Lagrange, daremos una segunda demostración algo más "numérica".
Sea G un grupo finito y $H \leq G$. Sea $H = \{h_1, h_2, ..., h_r\}$, es decir, $\circ(H) = r$. Si $G = H$, no hay nada que probar. Supongamos entonces que $H \neq G$, entonces $\exists\ a \in G - H$. Desplegemos las lista de elementos de H y Ha en filas:

$$\begin{array}{cccc} h_1, & h_2, & ..., & h_r \\ h_1a, & h_2a, & ..., & h_ra \end{array}$$

Los elementos de la segunda fila son todos distintos entre sí (por propiedad de cancelación) y diferente de cualquiera de los elementos de la primera fila. En efecto, si $h_ia = h_j$, entonces $a = h_i^{-1}h_j \in H$, lo que es una contradicción pues $a \notin H$. Luego tenemos hasta el momento una lista de $2 \cdot \circ(H)$ elementos. Si estos son todos los elementos de G, hemos terminado la demostración, caso contrario, $\exists\ b \in G - (H\ \cup\ Ha)$. Consideramos entonces la nueva lista

$$\begin{array}{cccc} h_1, & h_2, & ..., & h_r \\ h_1a, & h_2a, & ..., & h_ra \\ h_1b, & h_2b, & ..., & h_rb \end{array}$$

Al igual que antes, los elementos de cada fila son distintos entre sí y distintos entre filas diferentes, obteniendo una lista de $3 \cdot \circ(H)$ elementos. Siguiendo con este proceso, cada lista que se agrega aporta $\circ(H)$ nuevos elementos, pero como $\circ(G) < \infty$, este proceso termina en un número finito de pasos. Luego si terminamos con k filas, tendremos $k \cdot \circ(H)$ elementos distintos, de donde $k \cdot \circ(H) = \circ(G)$.

Observación 4.22. El teorema de Lagrange nos dice que un grupo finito G no puede tener un subgrupo propio no trivial cuyo orden no sea un divisor del orden del grupo. Así por ejemplo, si $\circ(G)$ es primo, sólo tiene como subgrupos a $\{e\}$ y G.
El recíproco del teorema de Lagrange es falso, es decir, si m es un divisor de $\circ(G)$, no necesariamente G tiene un subgrupo de orden m.

Proposición 4.23. Sea G grupo de orden finito y $a \in G$, entonces $\circ(a) \mid \circ(G)$

Dem: Sea $< a >$ grupo cíclico generado por a, es decir, $< a >= \{a^i \mid i = 0, 1, 2, 3, ...\}$. Como $a^{\circ(a)} = e$, $\circ(< a >) \leq \circ(a)$. Afirmamos que $\circ(< a >) = \circ(a)$. En efecto, si:

$$\circ(< a >) < \circ(a) \Rightarrow a^i = a^j \text{ para } 0 \leq i < j < \circ(a) \Rightarrow$$
$$a^{j-i} = e \text{ con } 0 < j - i < \circ(a) \ (\Rightarrow\Leftarrow) \text{ con } \circ(a).$$

Luego por el teorema de Lagrange, $\circ(< a >) = \circ(a) \mid \circ(G)$.

Proposición 4.24. Sea G grupo de orden finito y $a \in G$, entonces $a^{\circ(G)} = e$.

Dem: Tenemos:

$\circ(a) \mid \circ(G) \Rightarrow \circ(G) = m \cdot \circ(a) \Rightarrow a^{\circ(G)} = a^{m \cdot \circ(a)} = (a^{\circ(a)})^m = e^m = e.$

Definición 4.25. Para $n \in \mathbb{Z}^+$, de define la función φ de Euler por:

$$\varphi(n) = \begin{cases} 1 & \text{si } n = 1 \\ \left(\begin{array}{c} \text{número de enteros positivos} \\ \text{menores que n y primos con n} \end{array} \right) & \text{si } n > 1 \end{cases}$$

Por ejemplo, $\varphi(8) = 4$, ya que 1, 3, 5 y 7 son números menores que 8 y relativamente primos con 8, y $\varphi(7) = 6$.

Ejercicio. Pruebe que para $n \in \mathbb{Z}^+$, los números menores que n y primos con n forman un grupo respecto de la multiplicación módulo n. Además este grupo tiene orden $\varphi(n)$.

Proposición 4.26. (De Euler) *Si $n \in \mathbb{Z}^+$ y a es un entero relativamente primo con n, entonces $a^{\varphi(n)} \equiv 1$ mód n.*

Dem: Sea $n \in \mathbb{Z}^+$. Del ejercicio anterior, consideremos el grupo G de los enteros positivos relativamente primos con n, cuyo orden es $\varphi(n)$. Entonces por proposición 4.24, $\forall a \in G$, $a^{\circ(G)} = e$, lo que es equivalente a $a^{\varphi(n)} \equiv 1 \mod n$.

Proposición 4.27. (De Fermat). *Si p es un número primo y $a \in \mathbb{Z}$, entonces $a^p \equiv a \mod p$.*

Dem: Si $a > p$, reemplazamos a por $\tilde{a}$, donde $\tilde{a}$ es el resto de la división de a por p, es decir, $a = kp + \tilde{a}$, con $0 \leq \tilde{a} < p$, o equivalentemente, $a \equiv \tilde{a} \mod p$.

Como p es primo, $\varphi(p) = p - 1$ y si a (o en su efecto $\tilde{a}$) es un entero relativamente primo con p (según la proposición 4.26, $a \in G$), entonces $a^{p-1} \equiv 1 \mod p$, de donde $a^p \equiv a \mod p$.

Si a no es primo con p, entonces $p \mid a$, por lo tanto, $a \equiv 0 \mod p$, de donde

$0 \equiv a^p \equiv a \mod p$.

Proposición 4.28. Si G es un grupo finito de orden primo, entonces G es cíclico.

Dem: Como $\circ(G) = p$ primo y el orden de un subgrupo debe dividir al orden del grupo, los únicos subgrupos de G son $\{e\}$ y G.

Sea $a \in G$, $a \neq e$ y sea $H =< a >$ el subgrupo cíclico generado por a, entonces como $H \neq \{e\}$, necesariamente $H = G$, y por lo tanto, G es cíclico.

Definición 4.29. Si H y K son subgrupos de un grupo G, definimos

$$HK = \{x \in G \mid x = hk, h \in H, k \in K\}.$$

Note que HK es una generalización de la definición de clase lateral derecha Ha.

Observación 4.30.

(1) En la definición 4.29, podemos definir de igual forma AB cuando A y B son subconjuntos cualesquiera de G, y no necesariamente subgrupos de G, es decir: $AB = \{x \in G \mid x = ab, a \in A, b \in B\}$.

(2) Si $H \leq G$, entonces $HH = \{h_1 h_2 \mid h_1, h_2 \in H\} \subset H$, ya que H es cerrado respecto a la multiplicación. Pero $H = He \subset HH \Rightarrow HH = H$.

Ejemplo 4.31. En S_3, consideremos los subgrupos $H = \{\rho_0, \mu_3\}$ y $K = \{\rho_0, \mu_1\}$. Entonces:
$HK = \{\rho_0\rho_0, \rho_0\mu_1, \mu_3\rho_0, \mu_3\mu_1\} = \{\rho_0, \mu_1, \mu_3, \rho_1\} \Rightarrow \#(HK) = 4$.
Como 4 no es un divisor de $6 = \circ(S_3)$, HK no es un subgrupo de S_3 (note que hemos aplicado el teorema de Lagrange, aunque podríamos haber verificado esto directamente).
De igual manera podemos ver que: $KH = \{\rho_0, \mu_3, \mu_1, \rho_2\} \neq HK$.

Proposición 4.32. *Sean H y K subgrupos de un grupo G, entonces*

$$HK \leq G \iff HK = KH.$$

Dem:

($\Rightarrow$) Sea $HK \leq G$, debemos probar que $HK = KH$, es decir: $HK \subset KH$ y $KH \subset HK$.

($\subset$) Sea $x \in HK$, entonces

$$x = hk,\ h \in H, k \in K \Rightarrow x^{-1} = k^{-1}h^{-1} \in$$
$$HK \text{ (ya que } HK \leq G) \Rightarrow$$

$$k^{-1}h^{-1} = h_1k_1, h_1 \in H, k_1 \in K \;\Rightarrow$$
$$x = hk = (k^{-1}h^{-1})^{-1} = (h_1k_1)^{-1} = k_1^{-1}h_1^{-1} \in KH$$
$$(h_1 \in H \Rightarrow h_1^{-1} \in H, k_1 \in K \Rightarrow k_1^{-1} \in K \text{ ya que}$$
$$H \leq G, K \leq G) \;\Rightarrow\; x \in KH \;\Rightarrow\; HK \subset KH.$$

($\supset$) Ahora sea $x \in KH$, entonces

$$x = kh,\; k \in K, h \in H \;\Rightarrow\; x = [(kh)^{-1}]^{-1} = [h^{-1}k^{-1}]^{-1} \in HK$$

$$\text{ya que } h^{-1}k^{-1} \in HK \text{ y } HK \leq G \;\Rightarrow\; KH \subset HK.$$

($\Leftarrow$) Supongamos que $HK = KH$, debemos probar que $HK \leq G$. Como $HK = KH$, si $h \in H, k \in K \;\Rightarrow\; hk = k_1h_1$ para algún $h_1 \in H, k_1 \in K$. Para probar que $HK \leq G$, debemos verificar que HK es cerrado para la operación y que todo elemento en HK tiene inverso en HK.

(1) Cerradura:

$$x, y \in HK \;\Rightarrow\; x = hk,\; y = h'k',\; h, h' \in H,\; k, k' \in K \;\Rightarrow$$
$$xy = (hk)(h'k') = h(kh')k') = h(h_1k_1)k' \text{ (con } kh' = h_1k_1) \;\Rightarrow$$
$$x = (hh_1)(k_1k') \in HK \;\Rightarrow\; HK \text{ cerrado.}$$

(2) Inversos:

$$x = hk \in HK \;\Rightarrow\; x^{-1} = (hk)^{-1} = k^{-1}h^{-1} \in KH = HK \;\Rightarrow$$
$$x^{-1} \in HK.$$

Proposición 4.33. *Si H y K son subgrupos de un grupo abeliano G, entonces HK es un subgrupo de G.*

Dem: Como G es abeliano, $HK = KH$ y por proposición 4.32, $HK \leq G$.

4.2. **Ejercicios de la sección.**

(1) Considere el grupo $G = \mathbb{C}$ con la adición. Determine cuál de los siguientes subconjuntos es un subgrupo de $\mathbb{C}$:

(a) $\mathbb{R}$

(b) $\mathbb{Q}^+$

(c) $7\mathbb{Z}$

(d) $i\mathbb{R} = \{ix \mid x \in \mathbb{R}\}$ (números imaginarios puros)

(e) $\pi\mathbb{Q}$ (múltiplos racionales de π)

(f) $\{\pi^n \mid n \in \mathbb{Z}\}$

(2) Dada la siguiente lista de grupos, determine cuales son subgrupos unos de otros.

(a) $G_1 = \mathbb{Z}$ bajo la suma

(b) $G_2 = 12\mathbb{Z}$ bajo la suma

(c) $G_3 = \mathbb{Q}^+$ bajo la multiplicación

(d) $G_4 = \mathbb{R}$ bajo la suma

(e) $G_5 = \mathbb{R}^+$ bajo la multiplicación

(f) $G_6 = \{\pi^n \mid n \in \mathbb{Z}\}$ bajo la multiplicación

(g) $G_7 = 3\mathbb{Z}$ bajo la suma

(h) $G_8 = 6\mathbb{Z}$ bajo la suma

(i) $G_9 = \{6^n \mid n \in \mathbb{Z}\}$ bajo la multiplicación

(3) Escriba 5 elementos de cada uno de los siguientes grupos cíclicos.

(a) $25\mathbb{Z}$ bajo la suma

(b) $\{(\frac{1}{2})^n \mid n \in \mathbb{Z}\}$ bajo la multiplicación

(c) $\{\pi^n \mid n \in \mathbb{Z}\}$ bajo la multiplicación

(4) ¿Cuáles de los siguientes grupos son cíclicos? Para cada grupo cíclico, obtenga todos los generadores del grupo.

(a) $G_1 = \mathbb{Z}$ bajo la suma

(b) $G_2 = \mathbb{Q}$ bajo la suma

(c) $G_3 = \mathbb{Q}^+$ bajo la multiplicación

(d) $G_4 = 6\mathbb{Z}$ bajo la suma

(e) $G_5 = \{6^n \mid n \in \mathbb{Z}\}$ bajo la multiplicación

(f) $G_6 = \{a + b\sqrt{2} \mid a, b \in \mathbb{Z}\}$ bajo la multiplicación

(5) Pruebe que todo grupo de orden 5 es abeliano.

(6) Considere el grupo $G = \mathbb{Z}_6$.

(a) Complete la tabla del grupo cíclico $\mathbb{Z}_6$:

+	0	1	2	3	4	5
0	0	1	2	3	4	5
1	1	2	3	4	5	0
2	2					
3	3					
4	4					
5	5					

(b) Obtenga los subgrupos $< 1 >$, $< 2 >$, $< 3 >$, $< 4 >$ y $< 5 >$ de $\mathbb{Z}_6$.

(c) ¿Qué elementos son generadores para el grupo $\mathbb{Z}_6$ de la parte (a)?

(7) Haga un diagrama de inclusión para todos los subgrupos de S_3 y $\mathbb{Z}_{18}$.

(8) Sea $\mathbb{C}^* = \mathbb{C} - \{0\}$. Considere el grupo multiplicativo $(\mathbb{C}^*, \cdot)$ y $w = \frac{1+\sqrt{3}i}{2} \in \mathbb{C}^*$.

(a) Determine $\circ(w)$

(b) Encuentre el subgrupo $< w >$

(c) Determine todos los subgrupos de $< w >$

(d) Determine todos los generadores de $< w >$

(9) Demuestre que si H y K son subgrupos de G, entonces $H \cap K$ es subgrupo de G.

(10) Encontrar un grupo G y subgrupos $H \leq G$ y $N \leq G$ tales que $H \cup N$ no es subgrupo de G.

(11) Para $H \leq G$ y $a \in G$, defína clase lateral izquierda de H en G como el conjunto $aH = \{ah \mid h \in H\}$. Pruebe que hay una correspondencia biyectiva entre el conjunto de clases laterales izquierdas de H en G y el conjunto de clases laterales derechas de H en G.

(12) (a) Pruebe que los elementos de orden finito en un grupo abeliano A forman un subgrupo de A.

(b) Pruebe que la aseveración de (a) para grupos no abelianos es falsa.

(13) Demuestre que si G no tiene subgrupos distinto de los triviales, entonces debe ser cíclico de orden primo.

(14) Sea $G = \mathbb{Z}$ con la adición y $H_n = n\mathbb{Z}$ el subgrupo de los múltiplos de n. Determine $i_G(H_n)$ y escriba todas las clases laterales de H_n en G.

(15) En el problema anterior, ¿qué es $H_n \cap H_m$?

(16) Para $a, b \in \mathbb{R}$, se define la aplicación $\tau_{ab} : \mathbb{R} \longrightarrow \mathbb{R}$, $x \longrightarrow \tau_{ab}(x) = ax + b$. Sea $G = \{\tau_{ab} \mid a \neq 0\}$. Pruebe que G es un grupo bajo la composición de aplicaciones. Encuentre una fórmula para $\tau_{ab}\tau_{cd}$.

(17) En el problema anterior, sea $H = \{\tau_{ab} \in G \mid a \in \mathbb{Q}\}$. Pruebe que $H \leq G$. Haga una lista de todas las clases laterales derechas de H en G.

(18) (a) En el ejecicio anterior, pruebe que toda clase lateral izquierda de H en G es una clase lateral derecha de H en G

(b) De un ejemplo de un grupo G y un subgrupo H donde no toda clase lateral izquierda es una clase lateral derecha. (Sugerencia: examine el grupo S_3)

(19) En el grupo del ejercicio 16, sea $N = \{\tau_{1b} \in G\}$. Pruebe que:

(a) $N \leq G$

(b) Si $a \in G$ y $n \in N$, entonces $ana^{-1} \in N$.

(20) Si $a \in G$, definamos $N(a) = \{x \in G \mid xa = ax\}$. Pruebe que $N(a) \leq G$ ($N(a)$ se llama el normalizador o centralizador de a en G).

(21) Pruebe que todo subgrupo de un grupo cíclico es cíclico.

(22) Si G es un grupo de orden 9, pruebe que debe ser abeliano.

(23) Si $\circ(G) = 2n + 1$, pruebe que no existe un elemento $a \neq e$ tal que $a^2 = e$.

(24) Sea G un grupo y $H, K \leq G$ tal que $\circ(H) = 38$ y $\circ(K) = 55$. Pruebe que $H \cap K = \{e\}$.

5. CAPÍTULO IV - SUBGRUPOS NORMALES

5.1. Subgrupos Normales.

Comencemos esta sección con un ejemplo que ilustrará los conceptos a definir.

Ejemplo 5.1. Consideremos el grupo simétrico S_3 y el subgrupo $H = \{\rho_0, \mu_3\}$. Como $i_{S_3}(H) = 3$, hay tres clases laterales derechas de H en S_3 y tres clases laterales izquierdas de H en S_3, estas son:

(1) Clases laterales derechas:

$$H = H\rho_0 = H\mu_3 = \{\rho_0, \mu_3\},\ H\rho_1 = H\mu_1 = \{\rho_1, \mu_1\} \text{ y}$$
$$H\rho_2 = H\mu_2 = \{\rho_2, \mu_2\}.$$

(2) Clases laterales izquierdas:

$$H = \rho_0 H = \mu_3 H = \{\rho_0, \mu_3\},\ \rho_1 H = \mu_2 H = \{\rho_1, \mu_2\} \text{ y}$$
$$\rho_2 H = \mu_1 H = \{\rho_2, \mu_1\}.$$

Podemos observar que $H\rho_1$ no es una clase lateral izquierda, y por consiguiente concluir que no toda clase lateral derecha es una clase lateral izquierda.

Ahora consideremos el subgrupo $N = \{\rho_0, \rho_1, \rho_2\}$, entonces $i_{S_3}(N) = 2$, y por lo tanto hay dos clases laterales izquierdas y dos clases laterales derechas, estas son:

(1) Clases laterales derechas:

$$N = N\rho_0 = N\rho_1 = N\rho_2 = \{\rho_0, \rho_1, \rho_2\} \text{ y}$$
$$N\mu_1 = N\mu_2 = N\mu_3 = \{\mu_1, \mu_2, \mu_3\}.$$

(2) Clases laterales izquierdas:

$$N = \rho_0 N = \rho_1 N = \rho_2 N = \{\rho_0, \rho_1, \rho_2\} \text{ y}$$
$$\mu_1 N = \mu_2 N = \mu_3 N = \{\mu_1, \mu_2, \mu_3\}.$$

En este caso, toda clase lateral izquierda de N en S_3 es una clase lateral derecha de N en S_3 y recíprocamente.

Así podemos descubrir que hay algunos subgrupos especiales, aquellos en los cuales las clases laterales derechas e izquierdas coinciden, lo que los convierten en subgrupos distinguidos sobre los cuales es interesante profundizar más.

Ejercicio: Sea G un grupo y $H \leq G$ tal que $i_G(H) = 2$. Pruebe que toda clase lateral derecha de H en G es una clase lateral izquierda de H en G, es decir, $\forall\ g \in G : gH = Hg$. (Sugerencia: no hay muchas clases para comparar).

Definición 5.2. Un subgrupo N de un grupo G se dice que es un *subgrupo normal* de G, y lo denotamos por $N \trianglelefteq G$, si $\forall g \in G$, $\forall n \in N, gng^{-1} \in N$.

Observación 5.3. Es importante destacar lo siguiente:

(1) Como $gNg^{-1} = \{gng^{-1} \mid n \in \mathbb{N}\}$, obtenemos: $N \trianglelefteq G \iff gNg^{-1} \subset N, \forall g \in G$.

(2) La definición de subgrupo normal dice que $\forall n \in N, \forall g \in G$, $gng^{-1} \in N$, que es distinto a decir que $gng^{-1} = n$, $\forall n \in N$.

(3) En el grupo S_3, el subgrupo $N = \{\rho_0, \rho_1, \rho_2\}$ es normal, aún cuando $\mu_1\rho_1\mu_1^{-1} \neq \rho_1$.

Ejemplo 5.4.

(1) Probemos que en el grupo $\mathbb{Z}_6$, el subgrupo $H =< 3 >$ es normal. En efecto, tenemos que $H = \{0, 3\}$, $\circ(H) = 2$ y $\circ(\mathbb{Z}_6) = 6$, luego hay $6/2 = 3$ clases laterales derechas e izquierda de H en $\mathbb{Z}_6$, que son las siguientes:

Clases laterales derechas	Clases laterales izquierdas
$0 + H = 3 + H = \{0, 3\}$	$H + 0 = H + 3 = \{0, 3\}$
$1 + H = 4 + H = \{1, 4\}$	$H + 1 = H + 4 = \{1, 4\}$
$2 + H = 5 + H = \{2, 5\}$	$H + 2 = H + 5 = \{2, 5\}$

Luego podemos ver que las clases laterales derechas e izquierdas son iguales.

(2) En el grupo multiplicativo $GL_2(\mathbb{R})$ de las matrices 2×2 invertibles, consideremos el subconjunto

$SL_2(\mathbb{R}) = \{A \in GL_2(\mathbb{R}) \mid \det(A) = 1\}$. Afirmamos que $SL_2(\mathbb{R}) \trianglelefteq GL_2(\mathbb{R})$.

(a) $SL_2(\mathbb{R}) \leq GL_2(\mathbb{R})$. En efecto:

(i) Como el neutro multiplicativo $I \in GL_2(\mathbb{R})$ tiene determinante 1, obtenemos que $I \in SL_2(\mathbb{R})$.

(ii) $\forall\ A, B \in SL_2(\mathbb{R})$, $\det(A) = 1$ y $\det(B) = 1$, por lo tanto:

$$\det(AB^{-1}) = \det(A)\det(B^{-1}) = \det(A)[\det(B)]^{-1} = 1 \cdot 1 = 1 \ \Rightarrow\ AB^{-1} \in SL_2(\mathbb{R}).$$

(b) $SL_2(\mathbb{R}) \trianglelefteq GL_2(\mathbb{R})$. En efecto, $\forall\ A \in GL_2(\mathbb{R}), \forall\ B \in SL_2(\mathbb{R})$:

$$\det(ABA^{-1}) = \det(A)\det(B)[\det(A)]^{-1} = \det(B) = 1 \ \Rightarrow\ ABA^{-1} \in SL_2(\mathbb{R}).$$

Proposición 5.5. *Sea G un grupo y $N \leq G$. Entonces:*

$$N \trianglelefteq G \iff gNg^{-1} = N,\ \forall g \in G.$$

Dem:

($\Rightarrow$) $N \trianglelefteq G \ \Rightarrow\ gNg^{-1} \subset N$. Falta probar que $N \subset gNg^{-1}$.

Tenemos: $\forall g \in G,\ gNg^{-1} \subset N \ \wedge\ g^{-1}Ng = g^{-1}N(g^{-1})^{-1} \subset N$.

Pero como: $g^{-1}Ng \subset N \Rightarrow N = g(g^{-1}Ng)g^{-1} \subset gNg^{-1} \subset N \Rightarrow N = gNg^{-1}$.

($\Leftarrow$) $\forall g \in G,\ gNg^{-1} = N \ \Rightarrow\ gNg^{-1} \subset N \ \Rightarrow\ N \trianglelefteq G$.

Proposición 5.6. *El subgrupo N del grupo G es un subgrupo normal si y sólo si toda clase lateral izquierda de N en G es una clase lateral derecha de N en G. Es decir:*

$$N \trianglelefteq G \iff gN = Ng, \; \forall g \in G.$$

Dem:

($\Rightarrow$) $N \trianglelefteq G \Rightarrow \forall g \in G,\; gNg^{-1} = N \Rightarrow gN = (gNg^{-1})g = Ng \Rightarrow gN = Ng$, es decir, la clase lateral izquierda gN es la clase lateral derecha Ng.

($\Leftarrow$) Supongamos que toda clase lateral izquierda de N en G es una clase lateral derecha de N en G, es decir, $\forall g \in G$, la clase lateral izquierda gN es una clase lateral derecha, ¿pero cuál?

Tenemos que $g = ge = eg \in gN \cap Ng$, y dos clases laterales derechas o son iguales o disjuntas, luego la clase lateral derecha Ng es la correspondiente a gN, de donde $gN = Ng$. Así, $gNg^{-1} = (gN)g^{-1} = (Ng)g^{-1} = N \Rightarrow N \trianglelefteq G$.

Observación 5.7. Sea G un grupo y $N \trianglelefteq G$, entonces para $a, b \in G$, consideremos el producto $(Na)(Nb)$ de clases laterales derechas. Como N es normal en G, tenemos que $aN = Na$ y
$NaNb = N(aN)b = N(Na)b = NNab = Nab$, es decir, el producto de dos clases laterales derechas es una clase lateral derecha.

Proposición 5.8. *Sea G un grupo y $N \leq G$, entonces $N \trianglelefteq G$ si y sólo si el producto de dos clases laterales derechas de N en G es una clase lateral derecha de N en G.*

Dem:

($\Rightarrow$) Observación 5.7.

($\Leftarrow$) Sean Na y Nb clases laterales derechas de N en G, entonces $NaNb$ es una clase lateral derecha de N en G, digamos Nc, es decir, $NaNb = Nc$.

Ahora:

$$ab = (ea)(eb) \in NaNb = Nc \Rightarrow ab \in Nc \cap Nab \Rightarrow$$
$$Nc = Nab \Rightarrow (Na)(Nb) = Nab.$$

Debemos probar que $gNg^{-1} = N$. Sea $gNg^{-1} = A$, entonces multiplicando por el lado izquierdo por N obtenemos:

$$NgNg^{-1} = NA \Rightarrow N = Ngg^{-1} = NgNg^{-1} = NA \Rightarrow A = N.$$

En efecto, si $A \neq N$, $\exists\, a \in A - N \Rightarrow ea = a \in NA = N$ $(\Rightarrow\Leftarrow)$.
Por lo tanto, $gNg^{-1} = N$ y así $N \trianglelefteq G$.

Observación 5.9. Hemos visto que cuando $N \trianglelefteq G$, podemos definir un producto de clases laterales por: $(Na)(Nb) = NaNb = Nab$, $\forall a, b \in G$, es decir, el producto de dos clases laterales derechas de N en G es una nueva clase lateral derecha de N en G. Esta propiedad permite dotar de un producto y una estructura al conjunto de clases laterales derechas de N en G, llamada estructura cociente.
Más específicamente, sea G/N el conjunto de todas las clases laterales derechas de N en G, es decir, $G/N = \{Na \mid a \in G\}$ con el producto de clases $NaNb = Nab$. Entonces:

(1) $X, Y \in G/N \Rightarrow XY \in G/N$ (clausura)

(2) $X, Y, Z \in G/N \Rightarrow (XY)Z = X(YZ)$ (asociatividad).

En efecto: $X = Na$, $Y = Nb$ y $Z = Nc$, con $a, b, c \in G$, y

$$(XY)Z = (NaNb)Nc = N(ab)Nc = N(ab)c = Na(bc) =$$
$$Na(Nbc) = Na(NbNc) = X(YZ).$$

(3) $N = Ne \in G/N$ es el elemento identidad de G/N.

(4) Si $X = Na \in G/N$, $a \in G$, entonces:

$$Na^{-1} \in G/N \wedge NaNa^{-1} = Naa^{-1} = Ne = N.$$

Análogamente, $Na^{-1}Na = Ne = N$, por lo tanto, Na^{-1} es el inverso de Na en G/N.

Así tenemos demostrado el siguiente teorema:

Teorema 5.10. *Si G es un grupo y $N \trianglelefteq G$, entonces G/N también es un grupo, llamado grupo cociente o grupo factor de G por N.*

Observación 5.11. En el teorema 5.10, si G es un grupo finito, entonces G/N tiene como sus elementos las clases laterales de N en G, y por lo tanto su orden es:

$$\circ(G/N) = i_G(N) = \frac{\circ(G)}{\circ(N)}$$

Ejemplo 5.12.

(1) Sea $G = \mathbb{Z}$ con la adición como operación y $N = 3\mathbb{Z}$. Afirmamos que sólo hay tres clases laterales derechas de $3\mathbb{Z}$ en $\mathbb{Z}$, a saber: $3\mathbb{Z}$, $3\mathbb{Z}+1$ y $3\mathbb{Z}+2$.

En efecto, dado $a \in \mathbb{Z}$, $a = 3b + c$, donde $c = 0, 1$ o 2 (c es el resto de la división de a por 3). Luego:

$3\mathbb{Z}+a = 3\mathbb{Z}+3b+c = (3\mathbb{Z}+3b)+c = 3\mathbb{Z}+c$ ya que $3b \in 3\mathbb{Z}$, por lo tanto: $\mathbb{Z}/3\mathbb{Z} = \{3\mathbb{Z}, 3\mathbb{Z}+1, 3\mathbb{Z}+2\}$. La tabla de la operación en $\mathbb{Z}/3\mathbb{Z}$ es la siguiente:

$+$	$3\mathbb{Z}$	$3\mathbb{Z}+1$	$3\mathbb{Z}+2$
$3\mathbb{Z}$	$3\mathbb{Z}$	$3\mathbb{Z}+1$	$3\mathbb{Z}+2$
$3\mathbb{Z}+1$	$3\mathbb{Z}+1$	$3\mathbb{Z}+2$	$3\mathbb{Z}$
$3\mathbb{Z}+2$	$3\mathbb{Z}+2$	$3\mathbb{Z}$	$3\mathbb{Z}+1$

Podemos observar que $\mathbb{Z}/3\mathbb{Z}$ se comporta de manera similar que los enteros módulo 3 bajo la adición.

Es claro además que lo que hemos hecho con el entero 3 se puede realizar con cualquier entero n, obteniendo como grupo factor un grupo aditivo cuyo comportamiento es similar a los enteros módulo n bajo la adición.

(2) Sea $G = \mathbb{Z}_4 \times \mathbb{Z}_6$ grupo aditivo y $N =< (0,1) >$ el subgrupo cíclico generado por $(0,1) \in \mathbb{Z}_4 \times \mathbb{Z}_6$. Entonces:

$$\mathbb{Z}_4 \times \mathbb{Z}_6 =$$
$$\{(0,0),(0,1),(0,2),(0,3),(0,4),(0,5),(1,0),(1,1),(1,2),$$
$$(1,3),(1,4),(1,5),(2,0),(2,1),(2,2),(2,3),(2,4),(2,5),(3,0),$$
$$(3,1),(3,2),(3,3),(3,4),(3,5)\}$$

y

$$N = \{(0,0),(0,1),(0,2),(0,3),(0,4),(0,5)\}.$$

Entonces como $\circ(\mathbb{Z}_4 \times \mathbb{Z}_6) = 24$ y $\circ(N) = 6$, las clases laterales de N en $\mathbb{Z}_4 \times \mathbb{Z}_6$ deben tener 6 elementos cada una, y por lo tanto hay en total $24/6 = 4$ clases laterales distintas, o dicho de otro modo, $\circ(\mathbb{Z}_4 \times \mathbb{Z}_6 / < (0,1) >) = 4$. Estas clases son:

$$\begin{aligned}
(0,0) + N &= \{(0,0),(0,1),(0,2),(0,3),(0,4),(0,5)\},\\
(1,0) + N &= \{(1,0),(1,1),(1,2),(1,3),(1,4),(1,5)\},\\
(2,0) + N &= \{(2,0),(2,1),(2,2),(2,3),(2,4),(2,5)\},\\
(3,0) + N &= \{(3,0),(3,1),(3,2),(3,3),(3,4),(3,5)\}.
\end{aligned}$$

Como la operación en las clases laterales se realiza escogiendo los representantes $(0,0)$, $(1,0)$, $(2,0)$ y $(3,0)$, vemos que $(\mathbb{Z}_4 \times \mathbb{Z}_6)/ < (0,1) >$ tiene el mismo comportamiento que $\mathbb{Z}_4$, cuya tabla de adición la podemos describir como sigue:

$+$	$(0,0)$	$(1,0)$	$(2,0)$	$(3,0)$
$(0,0)$	$(0,0)$	$(1,0)$	$(2,0)$	$(3,0)$
$(1,0)$	$(1,0)$	$(2,0)$	$(3,0)$	$(0,0)$
$(2,0)$	$(2,0)$	$(3,0)$	$(0,0)$	$(1,0)$
$(3,0)$	$(3,0)$	$(0,0)$	$(1,0)$	$(2,0)$

La idea intuitiva de un grupo cociente, es que todo en N se anula, es decir, hacemos todo en N igual a cero. Por lo tanto, todo el segundo factor $\mathbb{Z}_6$ de $\mathbb{Z}_4 \times \mathbb{Z}_6$ colapsa, o se anula, quedando sólo el primer factor $\mathbb{Z}_4$.

(3) Calculemos ahora el grupo cociente $(\mathbb{Z}_4 \times \mathbb{Z}_6)/ < (0,2) >$. En este caso tenemos el subgrupo $N =< (0,2) >= \{(0,0),(0,2),(0,4)\}$ de orden 3. Aquí el primer factor $\mathbb{Z}_4$ de $\mathbb{Z}_4 \times \mathbb{Z}_6$ no se altera, mientras que el segundo factor $\mathbb{Z}_6$ se colapsa por un subgrupo de orden 3, dando en el grupo cociente un segundo factor de orden 2, que debe tener un comportamiento como $\mathbb{Z}_2$. Por lo tanto, $(\mathbb{Z}_4 \times \mathbb{Z}_6)/ < (0,2) >$ debería comportarse como el grupo C. Más adelante diremos que estos grupos son "isomorfos". Las 8 clases laterales distintas del grupo cociente son:

$$(0,0) + N = \{(0,0),(0,2),(0,4)\};$$
$$(0,1) + N = \{(0,1),(0,3),(0,5)\};$$
$$(1,0) + N = \{(1,0),(1,2),(1,4)\};$$
$$(1,1) + N = \{(1,1),(1,3),(1,5)\};$$
$$(2,0) + N = \{(2,0),(2,2),(2,4)\};$$
$$(2,1) + N = \{(2,1),(2,3),(2,5)\};$$
$$(3,0) + N = \{(3,0),(3,2),(3,4)\};$$
$$(3,1) + N = \{(3,1),(3,3),(3,5)\}.$$

Por lo tanto, el grupo cociente en sus elementos representativos es:

$$(\mathbb{Z}_4 \times \mathbb{Z}_6)/ < (0,2) >=$$
$$\{(0,0),(1,0),(2,0),(3,0),(0,1),(1,1),(2,1),(3,1)\} = \mathbb{Z}_4 \times \mathbb{Z}_2$$

(4) Calculemos el grupo cociente $(\mathbb{Z} \times \mathbb{Z})/ < (1,1) >$. Aquí, $\mathbb{Z} \times \mathbb{Z}$ corresponde a todos los puntos del plano con coordenadas enteras. El subgrupo $H =< (1,1) >$ viene dado por:

$$< (1,1) >= \{(0,0),\ \pm(1,1),\ \pm(2,2),\ \pm(3,3), ...\},$$

es decir, son todos los puntos de coordenadas enteras sobre la gráfica de la recta $y = x$, o los puntos de coordenadas enteras sobre la recta que pasa por el origen y forma un ángulo de $\pi/4$

con el eje $0x$. Ahora veamos las clases laterales. Como $(1,0) \notin H$, la clase lateral representada por él es:

$$(1,0)+ < (1,1) >=$$
$$\{(1,0),(0,-1),(2,1),(-1,-2),(3,2),(-2,-3),.....\},$$

que corresponde a las coordenadas enteras de la gráfica de la recta $y = x - 1$, es decir, la recta obtenida de la anterior por un desplazamiento paralelo en el sentido del eje $0y$, o las coordenadas enteras de la recta que pasa por el punto $(1,0)$ y forma un ángulo de $\pi/4$ con el eje $0x$. Luego en cada clase lateral, podemos escoger como representante de la clase el punto de intersección de la recta con el eje $0x$, es decir,

$$..., \ (-3,0), \ (-2,0), \ (-1,0), \ (0,0), \ (1,0), \ (2,0), \ (3,0), \ ....$$

Estos representantes corresponden a los puntos de $\mathbb{Z}$ sobre el eje $0x$, por lo que podemos concluir que $(\mathbb{Z} \times \mathbb{Z})/ < (1,1) >$ puede verse como $\mathbb{Z}$.

5.2. **Ejercicios de la sección.**

(1) Determine todos los subgrupos de $\mathbb{Z}_2 \times \mathbb{Z}_2$, $\mathbb{Z}_8 \times \mathbb{Z}_2$ y $\mathbb{Z}_4 \times \mathbb{Z}_4$, y de ellos cuales son subgrupos normales.

(2) Determine los siguientes grupos cocientes:
   (a) $(\mathbb{Z}_4 \times \mathbb{Z}_6)/ < (2,3) >$.
   (b) $(\mathbb{Z} \times \mathbb{Z})/ < (0,1) >$.
   (c) $(\mathbb{Z} \times \mathbb{Z})/ < (1,2) >$.
   (d) $(\mathbb{Z} \times \mathbb{Z} \times \mathbb{Z})/ < (1,1,1) >$.

(3) Encuentre todos los subgrupos de orden menor o igual a 4 de $\mathbb{Z}_4 \times \mathbb{Z}_4$ y en cada caso, determine el grupo cociente de $\mathbb{Z}_4 \times \mathbb{Z}_4$ módulo el subgrupo encontrado.

(4) Si G es un grupo y $H \leq G$ con $i_G(H) = 2$, pruebe que $H \trianglelefteq G$

(5) Si $N \trianglelefteq G$ y $H \leq G$, pruebe que $NH \leq G$.

(6) Si $N \trianglelefteq G$ y $H \trianglelefteq G$, pruebe que $N \cap H \trianglelefteq G$.

(7) Si $H \leq G$ y $N \trianglelefteq G$, pruebe que $H \cap N \trianglelefteq H$.

(8) Si G un grupo, $H, N \leq G$ y $i_G(N) = 2$, pruebe que $H \cap N \trianglelefteq G$.

(9) Pruebe que todo subgrupo de un grupo abeliano es normal.

(10) Si G es abeliano y si N es un subgrupo cualquiera de G, pruebe que G/N es abeliano.

(11) Sea G un grupo con centro $Z(G)$ tal que $G/Z(G)$ es cíclico. Pruebe que G es abeliano.

(12) Sea G un grupo y $H \leq G$. Para $g \in G$, definimos $gHg^{-1} = \{ghg^{-1} \mid h \in H\}$. Pruebe que $gHg^{-1} \leq G$.

(13) Sea G un grupo finito y H el único subgrupo de orden $o(H)$ en el grupo G. Pruebe que $H \trianglelefteq G$.

(14) Sea $G = GL(n, \mathbb{R})$ el grupo multiplicativo de matrices invertibles $n \times n$ con entradas reales y $SL(n, \mathbb{R})$ el subconjunto de matrices de determinante 1. Pruebe que $SL(n, \mathbb{R}) \trianglelefteq GL(n, \mathbb{R})$.

(15) Considere el conjunto $G = \{ \begin{pmatrix} a & b \\ 0 & 1 \end{pmatrix} \mid a, b \in \mathbb{R}, a \neq 0\}$ provisto de la multiplicación usual de matrices.

   (a) Pruebe que G es un grupo.

   (b) Pruebe que $N = \{A \in G \mid a = 1\}$ es un subgrupo normal de G.

(16) Sea G un grupo cualquiera con nuetro e y $N \trianglelefteq G$ de índice n. Sea $g \in G$ tal que $g^m = e$ con $\text{mcd}(m, n) = 1$. Pruebe que $x \in N$.

(17) Sea G un grupo y $H \leq G$ tal que $\forall\, x \in G,\ x^2 \in H$. Pruebe que $H \trianglelefteq G$ y que G/H es abeliano.

(18) Sea $N \trianglelefteq G$ tal que G/N es cíclico. ¿Es G necesariamente abeliano?.

6. CAPÍTULO V - HOMORFISMOS Y AUTOMORFISMOS DE GRUPOS

6.1. Homomorfismos y Automorfismos de Grupos.

Recordando que en el ejemplo 5.12 (1), vimos que el grupo factor aditivo $\mathbb{Z}/3\mathbb{Z}$ se comporta de manera similar a los enteros módulo 3 con la adición, y por consiguiente, no deberiamos hacer diferencia entre ellos, es decir, nos gustaria poder decir que son "indistinguibles". En esta sección resolvemos esta situación introduciendo el concepto de isomorfismos.

Definición 6.1. Sean $(G, *)$ y $(\tilde{G}, \diamond)$ grupos y $\phi : G \longrightarrow \tilde{G}$ una aplicación. Diremos que ϕ es un homomorfismo de grupos si $\forall a, b \in G,\ \phi(a * b) = \phi(a) \diamond \phi(b)$.
Denotamos por $\operatorname{Hom}(G, \tilde{G}) = \{\phi : G \to \tilde{G} \mid \phi \text{ homomorfismo}\}$ el conjunto de homomorfismos de G en $\tilde{G}$.

Ejemplo 6.2.

(1) Sea G un grupo, entonces son homomorfismos de G en G las aplicaciones definidas por $\phi(x) = e,\ \forall x \in G$ y también $\phi(x) = x,\ \forall x \in G$.

(2) Sean $(G, *) = (\mathbb{R}, +)$ y $(\tilde{G}, \diamond) = (\mathbb{R}, \cdot)$. Definamos $\phi : G \longrightarrow \tilde{G}$ por $\phi(x) = 2^x$. Puesto que $2^{x+y} = 2^x \cdot 2^y$, obtenemos que $\phi(x + y) = \phi(x) \cdot \phi(y)$, por lo tanto, ϕ es un homomorfismo. Note que ϕ no es sobreyectiva puesto que $\phi(x) = 2^x > 0\ \forall x \in G$. Ahora si consideramos $(\hat{G}, \diamond) = (\mathbb{R}^+, \cdot)$, entonces $\psi : G \longrightarrow \hat{G}$ definida igual que antes, es decir, $\psi(x) = 2^x$ es biyectiva, y por lo tanto tiene una función inversa $\psi^{-1} : \hat{G} \longrightarrow G$ definida por $\psi^{-1}(x) = \log_2(x)$. Como $\log_2(xy) = \log_2(x) + \log_2(y)$, obtenemos que ψ^{-1} también es homomorfismo.

(3) Si $\phi : G \longrightarrow \tilde{G}$ es un homomorfismo biyectivo, entonces su función inversa $\phi^{-1} : \tilde{G} \longrightarrow G$ también es un homomorfismo. En efecto: debemos probar que $\phi^{-1}(x \diamond y) = \phi^{-1}(x) * \phi^{-1}(y)$. Se tiene:

$$\forall x, y \in \tilde{G}, \exists!\ a, b \in G \text{ tal que } \phi(a) = x \ \wedge\ \phi(b) = y \ \Rightarrow$$
$$\phi^{-1}(x \diamond y) = \phi^{-1}(\phi(a) \diamond \phi(b)) = \phi^{-1}(\phi(a * b)) = a * b =$$
$$\phi^{-1}(x) * \phi^{-1}(y).$$

(4) Sea $(G, *) = (\mathbb{Z}, +)$ y $\tilde{G} = G$. Definamos $\phi : G \longrightarrow \tilde{G}$ por $\phi(x) = 2x$, $\forall x \in G$, entonces:

$$\phi(x+y) = 2(x+y) = 2x+2y = \phi(x)+\phi(y) \Rightarrow \phi \text{ homomorfismo.}$$

(5) Sean $(G, *) = (\mathbb{R} - \{0\}, \cdot)$ y $(\bar{G}, \diamond) = (\{1, -1\}, \cdot)$. Definamos $\phi : G \longrightarrow \tilde{G}$ por

$$\phi(x) = \begin{cases} 1 & \text{si} \quad x > 0 \\ -1 & \text{si} \quad x < 0 \end{cases}$$

Es fácil verificar que ϕ es un homomorfismo, que no es otro que la regla de los signos para la multiplicación.

(6) Consideremos los grupos $(\mathbb{C}^*, \cdot)$ y $(\mathbb{R}^2 \setminus \{(0,0)\}, *)$, donde $*$ es la operación definida en el ejemplo 3.7 (4). Definamos la función $\phi : \mathbb{C}^* \longrightarrow \mathbb{R}^2 \setminus \{(0,0)\}$ por $\phi(a + bi) = (a, b)$, entonces ϕ es un homomorfismos de grupos. En efecto:

$$\phi((a+bi)(c+di)) = \phi(ac-bd+(ad+bc)i) = (ac-bd, ad+bc) =$$
$$(a, b) * (c, d) = \phi(a, b) * \phi(c, d) \ \Rightarrow\ \phi \text{ homomorfismo.}$$

Proposición 6.3. *Sea G un grupo y $N \trianglelefteq G$. Definamos $\phi : G \longrightarrow G/N$ por $\phi(x) = Nx$, $\forall x \in G$, entonces ϕ es un homomorfismo sobreyectivo.*

Dem: Como $G/N = \{Nx \mid x \in G\}$, ϕ es sobreyectiva, ya que $\forall X \in G/N$, $X = Ny$ para algún $y \in G$, por lo tanto, $\phi(y) = X$.
Ahora como $NxNy = Nxy$, obtenemos:
$\phi(xy) = Nxy = NxNy = \phi(x)\phi(y)$, por lo tanto, ϕ es un homomorfismo.

Definición 6.4. Sean G y $\tilde{G}$ grupos y $\phi : G \longrightarrow \tilde{G}$ un homomorfismo, entonces el núcleo de ϕ, denotado por $K = \ker(\phi)$, se define por $K = \{x \in G \mid \phi(x) = \tilde{e}\}$, donde $\tilde{e}$ es el neutro de $\tilde{G}$.

Note que para cualquier homomorfismo $\phi : G \longrightarrow \tilde{G}$, $\phi(e) = \tilde{e}$, de donde obtenemos que $e \in K$, y por consiguiente, $K \neq \emptyset$.

Proposición 6.5. *Si $\phi : G \longrightarrow \tilde{G}$ es un homomorfismo de grupos, entonces:*

(1) $\phi(e) = \tilde{e}$ *(ϕ envía el elemento neutro de G en el elemento neutro de $\tilde{G}$).*

(2) $\phi(x^{-1}) = \phi(x)^{-1}$, $\forall x \in G$

Dem:

(1) Tenemos: $\tilde{e} \cdot \phi(e) = \phi(e) = \phi(e \cdot e) = \phi(e) \cdot \phi(e)$, por cancelación a la derecha obtenemos $\tilde{e} = \phi(e)$.

(2) Análogo a (1): $\tilde{e} = \phi(e) = \phi(x \cdot x^{-1}) = \phi(x) \cdot \phi(x^{-1})$, de donde por definición, $\phi(x^{-1}) = \phi(x)^{-1}$.

Proposición 6.6. *Si $\phi : G \longrightarrow \tilde{G}$ es un homomorfismo de grupos de núcleo K, entonces K es un subgrupo normal de G.*

Dem: Primero probemos que $K \leq G$ y luego que es normal.

(1) $K \leq G$. En efecto: $\forall x, y \in K$, $\phi(xy) = \phi(x)\phi(y) = \tilde{e}\tilde{e} = \tilde{e} \Rightarrow xy \in K \Rightarrow$ cerrado para la operación.
Ahora: $\forall x \in K$, $\phi(x) = \tilde{e} \Rightarrow \phi(x^{-1}) = \phi(x)^{-1} = \tilde{e}^{-1} = \tilde{e} \Rightarrow x^{-1} \in K$. Como K es cerrado para la operación y todo elemento tiene inverso en K, obtenemos que $K \leq G$.

(2) $K \trianglelefteq G$. En efecto: $\forall g \in G, \forall x \in K$,

$$\phi(gxg^{-1}) = \phi(g)\phi(x)\phi(g^{-1}) = \phi(g)\tilde{e}\phi(g)^{-1} = \phi(g)\phi(g)^{-1} = \tilde{e}$$
$$\Rightarrow gxg^{-1} \in K \Rightarrow K \trianglelefteq G.$$

Proposición 6.7. *Sea* $\phi : G \longrightarrow \tilde{G}$ *un homomorfismo de grupos de núcleo* K*, entonces* $\forall \tilde{g} \in \tilde{G}, \phi^{-1}(\tilde{g}) = \{g \in G \mid \phi(g) = \tilde{g}\} = Kx$*, donde* x *es una imagen inversa cualquiera de* $\tilde{g} \in \tilde{G}$*, es decir,* $\phi(x) = \tilde{g}$

Dem: Primero notemos que si $\tilde{g} = \tilde{e}$, entonces $\phi^{-1}(\tilde{g}) = \phi^{-1}(\tilde{e}) = K$ por definición de K.

Ahora sea $x \in G$ una imagen inversa de $\tilde{g}$, es decir, $\phi(x) = \tilde{g}$

(1) Probemos que $Kx \subset \phi^{-1}(\tilde{g})$.

$$\forall k \in K \wedge y = kx \;\Rightarrow\; \phi(y) = \phi(kx) = \phi(k)\phi(x) = \tilde{e}\phi(x) =$$
$$\phi(x) = \tilde{g} \;\Rightarrow y = kx \in \phi^{-1}(\tilde{g}) \;\Rightarrow\; Kx \subset \phi^{-1}(\tilde{g}).$$

(2) Ahora probemos que $\phi^{-1}(\tilde{g}) \subset Kx$.

$$z \in \phi^{-1}(\tilde{g}) \;\Rightarrow\; \phi(z) = \tilde{g} = \phi(x) \;\Rightarrow$$
$$\tilde{e} = \phi(z)\phi(x)^{-1} = \phi(z)\phi(x^{-1}) = \phi(zx^{-1}) \;\Rightarrow\; zx^{-1} \in K \;\Rightarrow$$
$$z \in Kx \;\Rightarrow\; \phi^{-1}(\tilde{g}) \subset Kx.$$

Luego de (1) y (2) obtenemos que $Kx = \phi^{-1}(\tilde{g})$.

Observación 6.8. De la proposición 6.7, en el caso particular de que $K = \{e\}$, tenemos que cualquier $\tilde{g} \in \tilde{G}$ tiene exactamente una imagen inversa, es decir, ϕ es inyectiva.

La recíproca también es verdadera, esto es, si $\phi : G \longrightarrow \tilde{G}$ es un homomorfismo inyectivo, entonces $K = \{e\}$. En efecto:

$$x \in K \;\Rightarrow\; \phi(x) = \tilde{e} = \phi(e) \text{ y } \phi \text{ inyectivo} \;\Rightarrow\; x = e \;\Rightarrow K = \{e\}$$

Definición 6.9. Sean G y $\tilde{G}$ grupos y $\phi : G \longrightarrow \tilde{G}$ un homomorfismo, entonces:

(1) ϕ es un monomorfismo si ϕ es inyectivo,

(2) ϕ es un epimorfismo si ϕ es sobreyectivo, y

(3) ϕ es un isomorfismo si ϕ es biyectivo. En este caso decimos que G y $\tilde{G}$ son isomorfos y lo denotamos por $G \approx \tilde{G}$

Teorema 6.10. (Teorema de isomorfía) *Sea* $\phi : G \longrightarrow \tilde{G}$ *un epimorfismo con núcleo* K*, entonces* $G/K \approx \tilde{G}$.

Dem: Tenemos que $G/K = \{X = Kg \mid g \in G\}$. Definamos $\psi : G/K \longrightarrow \tilde{G}$ por $\psi(X) = \psi(Kg) = \phi(g)$. Debemos verificar que ψ está bien definida, y que es un homomorfismo biyectivo.

(1) ψ bien definida. En efecto, $X \in G/K$ puede representarse de varias formas, por ejemplo como $X = Kg$ y $X = Kkg$, pero si $X = Kg = K\tilde{g}$, entonces $g = k\tilde{g}$ con $k \in K$, y

$$\phi(g) = \phi(k\tilde{g}) = \phi(k)\phi(\tilde{g}) = \tilde{e}\phi(\tilde{g}) = \phi(\tilde{g}) \;\Rightarrow$$
$$\psi(Kg) = \phi(g) = \phi(k\tilde{g}) = \phi(\tilde{g}) = \psi(K\tilde{g}) \;\Rightarrow\; \psi \text{ bien definida.}$$

(2) ψ homomorfismo. Sean $X, Y \in G/K$, $X = Kg$, $Y = K\tilde{g}$, $g, \tilde{g} \in G$, entonces:

$$XY = KgK\tilde{g} = Kg\tilde{g} \;\wedge\; \psi(XY) = \psi(Kg\tilde{g}) = \phi(g\tilde{g}) =$$
$$\phi(g)\phi(\tilde{g}) = \psi(Kg)\psi(K\tilde{g}) = \psi(X)\psi(Y) \;\Rightarrow\; \psi \text{ homomorfismo.}$$

(3) ψ sobreyectiva. Para todo $\tilde{x} \in \tilde{G}$, $\tilde{x} = \phi(g)$ para algún $g \in G$, ya que ϕ es sobreyectivo, y por lo tanto, $\psi(Kg) = \phi(g) = \tilde{x}$, luego ψ es sobreyectivo.

(4) ψ inyectivo. Tenemos que el elemento neutro de G/K es $K = Ke$, luego para probar que ψ es inyectivo, basta probar que $\ker(\psi) = K$. En efecto:

$$\psi(Kg) = \tilde{e} \;\Rightarrow\; \phi(g) = \tilde{e} \;\Rightarrow\; g \in K \;\Rightarrow\; Kg = K \;\Rightarrow$$
$$\psi \text{ inyectivo.}$$

Por lo tanto, de (1), (2), (3) y (4), ψ es un isomorfismo.

Ejemplo 6.11. Probemos que $\mathbb{Z}/n\mathbb{Z} \approx \mathbb{Z}_n$. Para este fin definamos:

$$\phi : \mathbb{Z} \longrightarrow \mathbb{Z}_n \quad \text{por} \quad \phi(m) = [m] \quad \text{la clase de congruencia módulo n.}$$

Entonces:

(1) ϕ homomorfismo: $\phi(a + b) = [a + b] = [a] + [b] = \phi(a) + \phi(b)$.

(2) ϕ sobreyectivo: $\forall\ [m] \in \mathbb{Z}_n$, existe $m \in \mathbb{Z}$ tal que $\phi(m) = [m]$.

(3) $\ker(\phi) = n\mathbb{Z}$: $\phi(m) = [m] = [0] \Rightarrow m \equiv 0 \mod n \Rightarrow n \mid m \Rightarrow$

$$m = kn, k \in \mathbb{Z} \Rightarrow m \in n\mathbb{Z} \Rightarrow \ker(\phi) = n\mathbb{Z}.$$

Luego por el teorema 6.10, $\mathbb{Z}/n\mathbb{Z} \approx \mathbb{Z}_n$

Definición 6.12. Si $\phi : G \longrightarrow G$ es un isomorfismo del grupo G, entonces lo llamaremos automorfismo. Denotamos por $\mathcal{A}(G) = \{\phi : G \longrightarrow G \mid \phi \text{ isomorfismo}\}$ el conjunto de todos los automorfismos de G.

Proposición 6.13. *Si G es un grupo, entonces $\mathcal{A}(G)$ es un grupo bajo la operación composición de aplicaciones.*

Dem: Observemos primero que $\mathcal{A}(G) \subset A(G)$, donde $A(G)$ es el grupo de aplicaciones biyectivas de G y la operación es la composición de funciones. Por lo tanto, en vez de probar que $\mathcal{A}(G)$ es un grupo, probaremos que $\mathcal{A}(G) \leq A(G)$.
Como el elemento neutro I de $A(G)$ (aplicación identidad) es el neutro de $\mathcal{A}(G)$, tenemos que $\mathcal{A}(G) \neq \emptyset$.
Luego sólo hay probar que $\mathcal{A}(G)$ es cerrado para la operación y que cada elemento tiene inverso, pero esto último es fácil de verificar y se deja de ejercicio.

Ejemplo 6.14.

(1) Busquemos los automorfismos de $\mathbb{Z}$, $\mathbb{Z}_6$ y $\mathbb{Z}_7$, es decir, $\mathcal{A}(\mathbb{Z})$, $\mathcal{A}(\mathbb{Z}_6)$ y $\mathcal{A}(\mathbb{Z}_7)$. ¿A qué grupos son isomorfos?

(a) Tenemos que $\mathbb{Z}$ es cíclico con generadores 1 y -1, es decir, $\mathbb{Z} =< 1 >=< -1 >$. Para que $\phi : \mathbb{Z} \longrightarrow \mathbb{Z}$ sea un isomorfismo, necesariamente ϕ debe enviar generador en generador, por consiguiente $\mathcal{A}(\mathbb{Z})$ tiene sólo dos elementos, a saber: $I(n) = n$, $\forall n \in \mathbb{N}$ (automorfismo identidad, $I(1) = 1$)

y $\phi(n) = -n$, $\forall n \in \mathbb{Z}$ ($\phi(1) = -1$). Como $\phi^2 = I$, $\mathcal{A}(\mathbb{Z}) = \{I, \phi\}$ cíclico de orden 2, por consiguiente isomorfo a $\mathbb{Z}_2$. De hecho, basta definir el isomorfismo $\varphi : \mathcal{A}(\mathbb{Z}) \to \mathbb{Z}_2$ por $\varphi(I) = 0$ y $\varphi(\phi) = 1$.

(b) En este caso $\mathbb{Z}_6$ es cíclico y $\mathbb{Z}_6 =< 1 >=< 5 >$, es decir, $\mathbb{Z}_6$ tiene dos generadores. Igual que en (a), $\phi : \mathbb{Z}_6 \longrightarrow \mathbb{Z}_6$ será un isomorfismo si envía generador en generador, por consiguiente $\mathcal{A}(\mathbb{Z}_6)$ tiene sólo dos elementos, $I = (\ 1\ )$ ($I(1) = 1$) y $\phi = (1\ 5\ )(\ 2\ 4)$ ($\phi(1) = 5$) con $\phi^2 = I$. Así $\mathcal{A}(\mathbb{Z}_6)$ es cíclico de orden 2 y por consiguiente isomorfo a $\mathbb{Z}_2$.

(c) Análogamente tenemos que:

$\mathbb{Z}_7 = < 1 > = < 2 > = < 3 > = < 4 > = < 5 > = < 6 >$,

es decir, tiene 6 generadores, y por lo tanto tenemos 6 isomorfismos definidos en los generadores por: $\phi_0(1) = 1$, $\phi_1(1) = 2$, $\phi_2(1) = 3$, $\phi_3(1) = 4$, $\phi_4(1) = 5$ y $\phi_5(1) = 6$, que producen los isomorfismos:

$$I = \phi_0 = (1), \quad \phi_1 = (1\ 2\ 4)(3\ 6\ 5), \quad \phi_2 = (1\ 3\ 2\ 6\ 4\ 5),$$
$$\phi_3 = (1\ 4\ 2)(3\ 5\ 6), \quad \phi_4 = (1\ 5\ 4\ 6\ 2\ 3) \quad \text{y}$$
$$\phi_5 = (1\ 6)(2\ 5)(3\ 4)$$

En este caso $\mathcal{A}(\mathbb{Z}_7)$ es cíclico de orden 6 y por lo tanto isomorfo a $\mathbb{Z}_6$. Note que $\circ(\phi_1) = \circ(\phi_3) = 3$, $\circ(\phi_2) = \circ(\phi_4) = 6$ y $\circ(\phi_5) = 2$ de donde obtenemos que $\mathcal{A}(\mathbb{Z}_7) =< \phi_2 >=< \phi_4 >$. Como los isomorfismos $\varphi : \mathcal{A}(\mathbb{Z}_7) \to \mathbb{Z}_6$ deben enviar generadores en generadores, basta definir $\varphi(\phi_2) = 1$ o $\varphi(\phi_2) = 5$ obteniendo dos posibles isomorfismos.

(2) Sea G un grupo, para cada $g \in G$ definamos $T_g : G \longrightarrow G$ por $T_g(x) = gxg^{-1}$, $\forall x \in G$. Afirmamos que $T_g \in \mathcal{A}(G)$. En efecto:

(a) Inyectividad: $T_g(x) = T_g(y) \Rightarrow gxg^{-1} = gyg^{-1} \Rightarrow x = y$ (por ley de cancelación).

(b) Sobreyectividad: $\forall z \in G, \exists\, x = g^{-1}zg \in G$ tal que

$$T_g(x) = gxg^{-1} = g(g^{-1}zg)g^{-1} = z.$$

(c) Homomorfismo:

$$T_g(xy) = g(xy)g^{-1} = g(xey)g^{-1} = g(xg^{-1}gy)g^{-1} =$$
$$(gxg^{-1})(gyg^{-1}) = T_g(x)T_g(y).$$

De (1), (2) y (3), $T_g \in \mathcal{A}(G)$.

Observemos que si G no es abeliano, entonces $\exists\, a, b \in G$ tal que $ab \neq ba$, y por lo tanto, $T_a(b) = aba^{-1} \neq b$, luego $T_a \neq I$ y así, $\mathcal{A}(G) \neq \{I\}$.

Definición 6.15. Sea G un grupo y $g \in G$.

(1) La aplicación $T_g : G \longrightarrow G$ definida por $T_g(x) = gxg^{-1}$, $\forall x \in G$, se llama automorfismo interior de G correspondiente a g.

(2) Denotamos por $\mathcal{J}(G) = \{T_g \in \mathcal{A}(G) \mid g \in G\}$ el conjunto de automorfismos interiores de G. Se deja de ejercicio probar que $\mathcal{J}(G) \leq \mathcal{A}(G)$.

Proposición 6.16. *$\mathcal{J}(G) \approx G/Z$, donde $\mathcal{J}(G)$ es el grupo de los automorfismos interiores de G y Z es el centro de G.*

Dem: Recordemos que el centro del grupo G (ejemplo 4.2 (5)) es el conjunto $Z = \{z \in G \mid zx = xz\ \forall x \in G\}$.

Definamos la función $\psi : G \longrightarrow \mathcal{A}(G)$ por $\psi(g) = T_g$, entonces afirmamos que ψ es un homomorfismo con $\psi(G) = \mathcal{J}(G)$ y núcleo Z.

En efecto:

(1) ψ homomorfismo: observemos primero que $\forall g, h, x \in G$, se tiene:

$$T_{gh}(x) = (gh)x(gh)^{-1} = (gh)x(h^{-1}g^{-1}) = g(hxh^{-1})g^{-1} =$$
$$T_g(hxh^{-1}) = T_g(T_h(x)) = (T_gT_h)(x) \Rightarrow T_{gh} = T_gT_h.$$

Ahora: $\forall g, h \in G$, $\psi(gh) = T_{gh} = T_g T_h = \psi(g)\psi(h) \Rightarrow$ homomorfismo.

(2) $\text{Im}(\psi) = \psi(G) = \{\psi(g) \mid g \in G\} = \{T_g \mid g \in G\} = \mathcal{J}(G)$.

(3) $Ker(\psi) = \{g \in G \mid \psi(g) = I\} = \{g \in G \mid T_g = I\} =$

$\{g \in G \mid T_g(x) = x \ \forall x \in G\} = \{g \in G \mid gxg^{-1} = x \ \forall x \in G\} =$

$\{g \in G \mid gx = xg \ \forall x \in G\} = Z$.

Luego por teorema 6.10, $G/Z \approx \mathcal{J}(G)$.

Proposición 6.17. *Sea G un grupo y $\phi \in \mathcal{A}(G)$. Si $a \in G$ es tal que $\circ(a) = n$, entonces $\circ(\phi(a)) = n$.*

Dem: Notemos que la proposición nos dice que el orden de los elementos se preservan por un automorfismo.

Sea $\phi \in \mathcal{A}(G)$ y $a \in G$ es tal que $\circ(a) = n$, entonces

$$\phi(a)^n = \phi(a^n) = \phi(e) = e \Rightarrow \phi(a)^n = e \Rightarrow \circ(\phi(a)) \mid n.$$

Ahora si para algún $m \in \mathbb{N}$, con $0 < m < n$ se tiene que $\phi(a)^m = e$, entonces: $e = \phi(a)^m = \phi(a^m) \wedge \phi$ inyectiva $\Rightarrow a^m = e(\Rightarrow\Leftarrow)$. Luego $\circ(\phi(a)) = n$.

Ejemplo 6.18. Para $n \in \mathbb{N}$, describamos el grupo $\mathcal{A}(\mathbb{Z}_n)$ de todos los automorfismos del grupo aditivo $\mathbb{Z}_n$. Sabemos que si $\phi \in \mathcal{A}(\mathbb{Z}_n)$, entonces $\phi(1) = \alpha \pmod{n}$ tiene orden n, ya que ϕ es sobreyectivo. Si tomamos $0 < \alpha < n$, entonces $\text{mcd}(\alpha, n) = 1$ (caso contrario el orden de α es menor que n). Cada α relativamente primo con n genera un automorfismo en $\mathbb{Z}_n$, y por lo tanto el grupo $\mathcal{A}(\mathbb{Z}_n)$ tiene exactamente $\varphi(n)$ elementos (ver definición 4.25 de función de Euler). En particular si $n = p$ (número primo), entonces $\circ(\mathcal{A}(\mathbb{Z}_n)) = p - 1$.

6.2. **Ejercicios de la sección.**

(1) Determine cuales de las siguientes aplicaciones son homomorfismos, en cuyo caso, determine su núcleo.

(a) $(G,*) = (\mathbb{R} - \{0\}, \cdot)$, $\tilde{G} = G$, $\phi(x) = x^2$, $\forall x \in G$.

(b) $G = \tilde{G}$ como en (a), $\phi(x) = 2^x$, $\forall x \in G$.

(c) $(G,*) = (\mathbb{R}, +)$, $\tilde{G} = G$, $\phi(x) = x + 1$, $\forall x \in G$.

(d) $G = \tilde{G}$ como en (c), $\phi(x) = 13x$, $\forall x \in G$.

(e) G grupo abeliano cualquiera, $\tilde{G} = G$, $\phi(x) = x^5$, $\forall x \in G$.

(f) $(G,*) = (\mathbb{R} - \{0\}, \cdot)$, $\tilde{G} = G$, $\phi(x) = |x|$

(2) Sean $\mathbb{Z}$ y $\mathbb{Z}_n$ grupos aditivos. Determine cuales de las siguientes funciones son homomorfismos, y en cuyo caso, determine cuales son monomorfismos y/o epimorfismos.

(a) $\phi : \mathbb{Z} \longrightarrow \mathbb{Z}$, $\phi(n) = kn, k \in \mathbb{Z}$ fijo.

(b) $\phi : \mathbb{Z}_6 \longrightarrow \mathbb{Z}_{12}$, $\phi(n) = 2n$.

(c) $\phi : \mathbb{Z}_6 \longrightarrow \mathbb{Z}_{12}$, $\phi(n) = 3n$.

(d) $\phi : \mathbb{Z}_6 \longrightarrow \mathbb{Z}_{10}$, $\phi(n) = 2n$.

(e) $\phi : \mathbb{Z}_5 \longrightarrow \mathbb{Z}_5$, $\phi(n) = 3n$.

(3) Sea $\phi : \mathbb{Z}_{30} \longrightarrow \mathbb{Z}_{30}$ un homomorfismo tal que $K = ker(\phi) = \{0, 10, 20\}$. Si $\phi(23) = 9$ determine el conjunto $\{n \in \mathbb{Z}_{30} \mid \phi(n) = 9\}$.

(4) Pruebe que la relación de isomorfismo ($G \approx \tilde{G}$) es una relación de equivalencia en el espacio de todos los grupos.

(5) Sea $\phi : G \longrightarrow \tilde{G}$ homomorfismo de grupos. Pruebe que:

(a) $H \leq G \;\Rightarrow\; \phi(H) \leq \tilde{G}$ y $U \leq \tilde{G} \;\Rightarrow\; \phi^{-1}(U) \leq G$.

(b) $\ker(\phi) \leq G$, $Im(\phi) \leq \tilde{G}$. Si G es abeliano, entonces $Im(\phi)$ es abeliano.

(6) Pruebe que $\mathcal{J}(G) \leq \mathcal{A}(G)$.

(7) Sea G un grupo cualquiera y g un elemento fijo de G. Definamos $\phi : G \to G$, por $\phi(x) = gxg^{-1}$. Pruebe que ϕ es un isomorfismo de G.

(8) Sea G un grupo abeliano finito de orden $o(G)$ y suponga que el entero n es primo con $o(G)$. Pruebe que todo $g \in G$ puede escribirse como $g = x^n$ con $x \in G$. (Sugerencia: Considere la aplicación $\phi : G \to G$ definida por $\phi(y) = y^n$, y pruebe que esta aplicacin es un isomorfismo de G).

(9) Sea V el conjunto de los números reales, y para a, b reales, con $a \neq 0$, definamos $\tau_{ab} : V \to V$, por $\tau_{ab}(x) = ax + b$. Sea $G = \{\tau_{ab} | a, b \in \mathbb{R}, a \neq 0\}$ y sea $N = \{\tau_{1b} \in G\}$. Pruebe que N es un subgrupo normal de G y que $G/N \sim$ grupo multiplicativo de los números reales distintos de cero.

(10) Verifique en cada uno de los siguientes casos si las aplicaciones que se definen son automorfismos.

(a) G es el grupo de los enteros bajo la adición y $T : x \to -x$.

(b) G grupo multiplicativo de los reales positivos y $T : x \to x^2$.

(c) G grupo cíclico de orden 12 y $T : x \to x^3$.

(d) $G = S_3$ y $T : x \to x^{-1}$.

(11) Sea G un grupo, $H \leq G$ y $T \in \mathcal{A}(G)$. Sea $T(H) = \{T(h) \mid h \in H\}$. Pruebe que $T(H) \leq G$.

(12) Sea G un grupo, $T \in \mathcal{A}(G)$, $N \trianglelefteq G$. Pruebe que $T(N) \trianglelefteq G$.

(13) Para $G = S_3$, pruebe que $G \approx \mathcal{I}(G)$.

(14) Para cualquier grupo G, pruebe que $\mathcal{I}(G) \trianglelefteq \mathcal{A}(G)$ (el grupo $\mathcal{A}(G)/\mathcal{I}(G)$ se llama grupo de automorfismos exteriores de G).

(15) Sea G grupo de orden 4, $G = \{e, a, b, ab\}$, $a^2 = b^2 = e$, $ab = ba$. Determine $\mathcal{A}(G)$.

(16) Consideremos el grupo aditivo $(\mathbb{Z}_{220}, +)$ y $H =< 28 >$ el subgrupo generado por la clase del $28 \in Z_{220}$.

(a) Determine $i_{\mathbb{Z}_{220}}(H)$.

(b) ¿A qué grupo es isomorfo H?

(c) ¿Cuántos subgrupos de Z_{220} existen con el mismo índice que H?

(17) (a) Un grupo C de G se dice que es un subgrupo característico de G si $T(C) \subset C$ para todo automorfismo T de G.Pruebe que un sugbrupo característico de G debe ser un subgrupo normal de G.

(b) Pruebe que el recíproco de (a) es falso.

(18) Considere el grupo aditivo $\mathbb{Z}_n$.

(a) Pruebe que si $\phi \in \text{Hom}(\mathbb{Z}_m, \mathbb{Z}_n)$, entonces ϕ viene dado por $\phi(x) = xr$, donde $\circ(r)$ en el grupo $\mathbb{Z}_n$ divide a $\text{mcd}(m, n)$.

(b) Describir los conjuntos $\text{Hom}(\mathbb{Z}_{21}, \mathbb{Z}_{10})$ y $\text{Hom}(\mathbb{Z}_{21}, \mathbb{Z}_7)$.

(c) Determine cuales de los homomorfismos anteriores son sobreyectivos y cuales inyectivos.

7. CAPÍTULO VI - ANILLOS Y CUERPO

7.1. Anillos y Cuerpo.

En esta sección estudiaremos un sistema bioperacional, es decir, un conjunto no vacío con dos operaciones, comúnmente llamadas adición y multiplicación, en los cuales tendremos conceptos y resultados análogos al caso de grupos.

Definición 7.1. Un conjunto $R \neq \emptyset$ se dice un anillo si en R hay definida dos operaciones, denotadas por "+" y "·" tales que $\forall a, b, c \in R$ se satisface:

(1) $a + b \in R$ (clausura para la adición)

(2) $a + b = b + a$ (conmutatividad para la adición)

(3) $(a + b) + c = a + (b + c)$ (asociatividad para la adición)

(4) $\exists\, 0 \in R$ tal que $a + 0 = a$ (elemento neutro)

(5) $\forall\, a \in R, \exists\, -a \in R$ tal que $a + (-a) = 0$ (existencias de inversos aditivos)

(6) $a \cdot b \in R$ (clausura para la multiplicación)

(7) $a \cdot (b \cdot c) = (a \cdot b) \cdot c$ (asociatividad para la multiplicación)

(8) $a \cdot (b + c) = a \cdot b + a \cdot c$ y $(b + c) \cdot a = b \cdot a + c \cdot a$ (distributividad de la adición con respecto a la multiplicación).

Note que los axiomas (1)-(5) dice que $(R, +)$ es un grupo abeliano.

Observación 7.2.

(1) Si existe un elemento $1 \in R$ tal que $a \cdot 1 = 1 \cdot a = a, \forall a \in R$, diremos que R es un anillo con unidad.

(2) Si la multiplicación en R satisface $a \cdot b = b \cdot a, \forall a, b \in R$, diremos que R es un anillo conmutativo.

Definición 7.3.

(1) Si R es un anillo conmutativo, entonces $a \in R, a \neq 0$ se dice que es un divisor de cero si $\exists\ b \in R$, $b \neq 0$ tal que $a \cdot b = 0$. Si $a \in R$ no es divisor de cero, entonces será llamado una unidad. Denotaremos por $U(R)$ las unidades de un anillo R.

(2) Un anillo conmutativo R es un dominio de integridad si no tiene divisores de cero.

(3) Un anillo R se dice un anillo con división, si sus elementos distintos de cero forman un grupo bajo la multiplicación.

(4) Un cuerpo es un anillo conmutativo con división. El elemento unidad para la multiplicación se denotará por 1 y el inverso de un elemento $a \in R$ por a^{-1}.

Ejemplo 7.4.

(1) $(\mathbb{Z}, +, \cdot)$ es un anillo conmutativo con unidad y dominio de integridad.

(2) $(2\mathbb{Z}, +, \cdot)$ es un anillo conmutativo sin unidad y dominio de integridad.

(3) $(\mathbb{Q}, +, \cdot)$ es un anillo conmutativo con unidad. Además como $(\mathbb{Q} - \{0\}, \cdot)$ forman un grupo abeliano, $\mathbb{Q}$ es un cuerpo. El elemento unidad es el 1 y el inverso de $\frac{a}{b} \in \mathbb{Q} - \{0\}$ es $\frac{b}{a}$.

(4) $(\mathbb{R}, +, \cdot)$ y $(\mathbb{C}, +, \cdot)$ son anillos conmutativos con unidad y sin divisores de cero, luego tienen estructuras de cuerpo.

(5) Sea $GL_2(\mathbb{R}) = \{A \in M_2(\mathbb{R}) \mid \det(A) \neq 0\}$, es decir, el conjunto de matrices invertibles, entonces $GL_2(\mathbb{R})$ con las operaciones usuales de adición y multiplicación de matrices es un anillo con unidad no conmutativo y sin divisores de cero. En efecto, sólo debemos verificar que no tiene divisores de cero.

Sean $A, B \in GL_2(\mathbb{R})$, entonces $\det(A) \neq 0$ y $\det(B) \neq 0$. Si $AB = 0$, entonces $\det(AB) = 0 \Rightarrow \det(A)\det(B) = 0 \Rightarrow \det(A) = 0$ o $\det(B) = 0$ lo que no sucede.

(6) En $\mathbb{Z}_6 = \{0, 1, 2, 3, 4, 5\}$ provisto de la multiplicación módulo 6, tenemos que $2 \cdot 3 = 0$, por lo tanto, 2 y 3 son divisores de cero, y así $\mathbb{Z}_6$ no es un dominio de integridad.

(7) Consideremos los grupos $(\mathcal{A}(\mathbb{Z}_n), \circ)$ de automorfismos de $\mathbb{Z}_n$ con la composición de funciones como multiplicación y $(U(\mathbb{Z}_n), \cdot)$ el grupo multiplicativo de las unidades de $\mathbb{Z}_n$ (elementos invertibles de $\mathbb{Z}_n$). En el ejemplo 6.18, vimos que $\circ((\mathcal{A}(\mathbb{Z}_n)) = \varphi(n)$ (función de Euler) al igual que $U(\mathbb{Z}_n)$, es decir, $\circ((\mathcal{A}(\mathbb{Z}_n)) = \circ(U(\mathbb{Z}_n)) = \varphi(n)$. Afirmamos que estos dos grupos son isomorfos. En efecto, primero observemos que si $\phi_r, \phi_{r'} \in \mathcal{A}(\mathbb{Z}_n)$, entonces $\forall\, x \in \mathbb{Z}_n$:

$$\phi_r(x) = rx, \quad \phi_{r'}(x) = r'x \quad (\phi_r(1) = r,\ \phi_{r'}(1) = r') \Rightarrow$$
$$(\phi_r \circ \phi_{r'})(x) = \phi_r(\phi_{r'}(x)) = \phi(r'x) = rr'x = \phi_{rr'}(x).$$

Esta propiedad sugiere definir $f : \mathcal{A}(\mathbb{Z}_n) \to U(\mathbb{Z}_n)$ por $f(\phi) = \phi(1) = r$. Entonces como $\phi_r \circ \phi_{r'} = \phi_{rr'}$, obtenemos:

$$f(\phi_r \circ \phi_{r'}) = f(\phi_{rr'}) = \phi_{rr'}(1) = rr' = \phi_r(1)\phi_{r'}(1) =$$
$$f(\phi_r)f(\phi_{r'}) \Rightarrow f \text{ homomorfismo de grupos.}$$

Además:

$$\ker(f) = \{\phi_r \in \mathcal{A}(\mathbb{Z}_n) \mid f(\phi_r) = e \in U(\mathbb{Z}_n)\} =$$
$$\{\phi_r \in \mathcal{A}(\mathbb{Z}_n) \mid r = 1 \in U(\mathbb{Z}_n)\} = \{\phi_1\}$$
$$\text{(homomorfismo identidad)} \Rightarrow f \text{ inyectiva} \Rightarrow f \text{ isomorfismo.}$$

En particular $(\mathcal{A}(\mathbb{Z}_p), \circ) \approx (U(\mathbb{Z}_n), \cdot)$ grupo cíclico de orden $p-1$, y por lo tanto, isomorfo al grupo aditivo $(\mathbb{Z}_{p-1}, +)$.

(8) En $\mathbb{Z}_7 = \{0, 1, 2, 3, 4, 5, 6\}$ con la adición y multiplicación módulo 7, tenemos las siguientes tablas para sus operaciones:

+	0	1	2	3	4	5	6
0	0	1	2	3	4	5	6
1	1	2	3	4	5	6	0
2	2	3	4	5	6	0	1
3	3	4	5	6	0	1	2
4	4	5	6	0	1	2	3
5	5	6	0	1	2	3	4
6	6	0	1	2	3	4	5

$\cdot$	0	1	2	3	4	5	6
0	0	0	0	0	0	0	0
1	0	1	2	3	4	5	6
2	0	2	4	6	1	3	5
3	0	3	6	2	5	1	4
4	0	4	1	5	2	6	3
5	0	5	3	1	6	4	2
6	0	6	5	4	3	2	1

Como $(\mathbb{Z}_7 - \{0\}, \cdot)$ forma un grupo abeliano, $\mathbb{Z}_7 - \{0\}$ es un cuerpo. Además como tiene un número finito de elementos, es un cuerpo finito.

(9) Sea $\mathbb{Z}_{10} = \{0, 1, 2, 3, 4, 5, 6, 7, 8, 9\}$ con la adición y multiplicación módulo 10. Busquemos todos lo elementos invertibles de $\mathbb{Z}_{10}$, también llamadas unidades, para lo cual recurramos a la tabla de multiplicar:

$\cdot$	0	1	2	3	4	5	6	7	8	9
0	0	0	0	0	0	0	0	0	0	0
1	0	1	2	3	4	5	6	7	8	9
2	0	2	4	6	8	0	2	4	6	8
3	0	3	6	9	2	5	8	1	4	7
4	0	4	8	2	6	0	4	8	2	6
5	0	5	0	5	0	5	0	5	0	5
6	0	6	2	8	4	0	6	2	8	4
7	0	7	4	1	8	5	2	9	6	3
8	0	8	6	4	2	0	8	6	4	2
9	0	9	8	7	6	5	4	3	2	1

Al observar la tabla por filas, vemos que la filas correspondientes a los números 2, 4, 5, 6 y 8 aparece un 0 (omitiendo la primera fila de ceros), y no aparece un 1, lo que indica que son divisores de cero, mientras que las filas correspondientes a los números 1, 3, 7 y 9 no aparece un cero, pero si aparace un 1, lo que indica que son invertible. Por lo tanto los divisores de cero en $\mathbb{Z}_{10}$ son el 2, 4, 5, 6 y 8. Por otro lado, tabla de multiplicar de los elementos invertibles, o unidades es:

$\cdot$	1	3	7	9
1	1	3	7	9
3	3	9	1	7
7	7	1	9	3
9	9	7	3	1

y por lo tanto constituyen un grupo con la multiplicación módulo 10.

(10) Sea $\mathbb{Z}(\sqrt{2}) = \{m + n\sqrt{2} \in \mathbb{R} \mid m, n \in \mathbb{Z}\}$, entonces $\mathbb{Z}(\sqrt{2})$ es un anillo conmutativo con unidad bajo la adición y multiplicación usual de números reales. En efecto:

(a) Clausura: $\forall\ x, y \in \mathbb{Z}(\sqrt{2})$, $x = m + n\sqrt{2}$, $y = a + b\sqrt{2}$ con $m, n, a, b \in \mathbb{Z}$, y
$x+y = (m+n\sqrt{2})+(a+b\sqrt{2}) = (m+a)+(n+b)\sqrt{2} \in \mathbb{Z}(\sqrt{2})$.

(b) Conmutatividad y asociatividad de la adición son heredadas de $\mathbb{R}$.

(c) El elemento neutro aditivo es $0 = 0 + 0\sqrt{2} \in \mathbb{Z}(\sqrt{2})$.

(d) El inverso aditivo de $x = m+n\sqrt{2}$ es $-x = (-m)+(-n)\sqrt{2}$.

(e) Además:
$x \cdot y = (m+n\sqrt{2})(a+b\sqrt{2}) = ma+2nb+(mb+na)\sqrt{2} \in \mathbb{Z}(\sqrt{2})$
(clausura para la multiplicación).

(f) La asociatividad y conmutatividad de la multiplicación y la distributividad del producto respecto de la adición, también se heredan de $\mathbb{R}$.

(g) Además, $1 = 1 + 0\sqrt{2} \in \mathbb{Z}(\sqrt{2})$ es la unidad.

También $\mathbb{Z}(\sqrt{2})$ es un dominio de integridad. (Verifíquelo).

(11) Sea $I = [0,1]$ y $R = \{f : I \longrightarrow \mathbb{R} \mid f \text{ continua}\}$. Entonces R es un anillo conmutativo con unidad con la adición y multiplicación usual de funciones. En efecto:

(a) Como la suma y multiplicación de funciones continuas es continua, tenemos clausura para la adición y multiplicación.

(b) La funcion cero definida por $0(x) = 0,\ \forall x \in I$ es el neutro aditivo.

(c) El inverso aditivo de f es $-f$, donde

$$(-f)(x) = -f(x), \forall x \in I.$$

(d) La función unidad está definida por $1(x) = 1, \forall x \in I$.

(e) Los otros axiomas son consecuencia directa del hecho de que $(\mathbb{R}, +, \cdot)$ es un anillo.

Definición 7.5. Sea F un cuerpo, definimos el conjunto $F[x]$ de polinomios sobre F en la indeterminada x, como el conjunto cuyos elementos son expresiones formales de la forma:
$p(x) = a_n x^n + a_{n-1}x^{n-1} + \cdots + a_1 x + a_0,\ a_i \in F,\ 0 \leq i \leq n,\ n \in \mathbb{N} \cup \{0\}$.
Dados:
$p(x) = a_n x^n + \cdots + a_1 x + a_0, \quad q(x) = b_m x^m + \cdots + b_1 x + b_0 \ \in F[x]$,
se define la igualdad en $F[x]$ por: $p(x) = q(x) \iff a_i = b_i,\ \forall\, i \geq 0$
y las operaciones de adición y multiplicación por las siguientes reglas:
$p(x) + q(x) = c_k x^k + c_{k-1}x^{k-1} + \cdots c_1 x + c_0$, donde $c_i = a_i + b_i$, $0 \leq i \leq k = \text{máx}(n, m)$ y

$p(x)q(x) = d_k x^k + d_{k-1}x^{k-1} + \cdots d_1 x + d_0$, donde $d_i = \sum_{j=0}^{i} a_j b_{i-j}$, $0 \leq i \leq k = n + m$.

Ejemplo 7.6. Para $p(x) = 3x^4 + 2x^2 - 3x - 2, q(x) = 2x^3 + x^2 - x + 3$ en $\mathbb{R}[x]$, calculemos $p(x) + q(x)$ y $p(x)q(x)$.

En primer lugar reescribimos los polinomios de la siguiente forma:

$$p(x) = 3x^4 + 0x^3 + 2x^2 - 3x - 2 \ \wedge \ q(x) = 0x^4 + 2x^3 + x^2 - x + 3$$

de donde obtenemos:

$$\begin{aligned} p(x) + q(x) &= (3+0)x^4 + (0+2)x^3 + (2+1)x^2 + \\ &\quad (-3-1)x + (-2+3) \\ &= 3x^4 + 2x^3 + 3x^2 - 4x + 1 \quad \wedge \\ p(x)q(x) &= (\textstyle\sum_{j=0}^{7} a_j b_{7-j})x^7 + (\sum_{j=0}^{6} a_j b_{6-j})x^6 + \cdots + \\ &\quad (\textstyle\sum_{j=0}^{1} a_j b_{1-j})x + a_0 b_0 \\ &= 6x^7 + 3x^6 + x`5 + 5x^4 - 9x^3 + 7x^2 - 7x - 6. \end{aligned}$$

Definición 7.7. Si $p(x) = a_n x^n + a_{n-1}x^{n-1} + \cdots + a_1 x + a_0 \in F[x]$ y $a_n \neq 0$, entonces el grado de $p(x)$, denotado por $grad(p(x))$ es n. Es decir, el grado de un polinomio, es el exponente de la mayor potencia de x.

Ejemplo 7.8. En el ejemplo 7.6, $grad(p(x)) = 4$ y $grad(q(x)) = 3$.

Proposición 7.9. $(F[x], +, \cdot)$ *es un anillo conmutativo con unidad y sin divisores de cero.*

Dem:

(1) La clausura para la adición y la multiplicación se desprende de la propia definición.

(2) El neutro aditivo es el polinomio $0(x) = 0$.

(3) Si $p(x) = a_n x^n + \cdots a_1 x + a_0 \in F[x]$, $a_i \in F$, $0 \leq i \leq n$, entonces como F es cuerpo, $-a_i \in F$, $\quad 0 \leq i \leq n$ y

$-p(x) = -a_n x^n - \cdots - a_1 x - a_0 \in F[x]$ es tal que

$p(x) + (-p(x)) = 0$.

(4) La conmutatividad y asociatividad de la adición y de la multiplicación, como la propiedad distributiva, se desprenden del hecho de ser F un cuerpo.

(5) La unidad de $F[x]$ es el polinomio de grado 0: $1(x) = 1$.

(6) Un fácil cálculo muestra que si $p(x)q(x) = 0$, entonces $p(x) = 0$ o $q(x) = 0$.

Proposición 7.10. *Sea R un anillo, entonces $\forall a, b \in R$:*

(1) $a \cdot 0 = 0 \cdot a = 0$

(2) $a(-b) = (-a)b = -(a \cdot b)$

(3) $(-a)(-b) = a \cdot b$

Además si R tiene elemento unidad 1, entonces:

(4) $(-1)a = -a$

(5) $(-1)(-1) = 1$

Dem:

(1) $\forall a \in R$, $a \cdot 0 = a(0+0) = a \cdot 0 + a \cdot 0$ (distributividad), y por ley de cancelación, $a \cdot 0 = 0$. Análogamente, $0 \cdot a = 0$.

(2) Tenemos: $a(-b) + a \cdot b = a(-b+b) = a \cdot 0 = 0$, de donde obtenemos que el inverso aditivo de $a \cdot b$ es $a(-b)$, es decir, $-(a \cdot b) = a(-b)$. Análogamente, $(-a)b = -(a \cdot b)$.

(3) Podemos aplicar directamente la parte (2):

$$(-a)(-b) = -(a(-b)) = -(-(a \cdot b)) = a \cdot b.$$

(4) Sea $1 \in R$ elemento unidad, entonces:

$$a + (-1)a = 1 \cdot a + (-1)a = (1 + (-1))a = 0 \cdot a = 0 \;\Rightarrow\; -a = (-1)a.$$

(5) Si en (4) consideramos el caso particular $a = -1$, obtenemos:

$$(-1)(-1) = -(-1) = 1.$$

Observación 7.11. La proposición 7.10 nos permite operar con 0 y con negativos, y tomamos la convención de que $a + (-b) = a - b$.

Proposición 7.12. *Todo anillo conmutativo finito y sin divisores de cero es un cuerpo.*

Dem: Sea R anillo conmutativo finito tal que:

$$a \cdot b = 0 \Longleftrightarrow a = 0 \vee b = 0.$$

Probemos que R es un cuerpo, es decir:

(1) $\exists\, 1 \in R$ tal que $a \cdot 1 = a$, $\forall a \in R$

(2) $\forall a \in R \setminus \{0\}$, $\exists\, b \in R$ tal que $a \cdot b = 1$.

En efecto:

(1) Sea $R = \{x_1, x_2, \cdots, x_n\}$ y tomemos $a \in R$, $a \neq 0$. Consideremos el conjunto: $Ra = \{x_1 a,\ x_2 a,\ \cdots,\ x_n a\} \subset R$. Afirmamos que $Ra = R$.

Para esto basta probar que $\#(Ra) = n$. Tenemos:

$$x_i a = x_j a,\ i \neq j \ \Rightarrow\ (x_i - x_j)a = 0,$$
$$R \text{ dominio de integridad y } a \neq 0 \ \Rightarrow$$
$$x_i - x_j = 0 \ \Rightarrow\ x_i = x_j\ (\Rightarrow\Leftarrow) \text{ ya que } i \neq j.$$

Luego $R = Ra$ y así todo elemento de R puede escribirse de la forma $x_i a$ para algún $x_i \in R$. En particular como $a \in R$, $a = x_{i_0} a = a x_{i_0}$.

Probemos que x_{i_0} es el elemento unidad. Si $y \in R$, entonces $y = x_i a$ para algún $x_i \in R$, y por lo tanto:

$$y x_{i_0} = (x_i a) x_{i_0} = x_i (a x_{i_0}) = x_i a = y \ \Rightarrow\ x_{i_0} \text{ elemento unidad}$$
$$\Rightarrow\ x_{i_0} = 1 \in R.$$

(2) Por el mismo argumento de (1), como $1 \in R$, 1 debe ser un múltiplo de a, es decir, $\exists\, b \in R$ tal que $ab = 1$.

Proposición 7.13. *Si p es un número primo, entonces el anillo $\mathbb{Z}_p$ es un cuerpo.*

Dem: Por proposición 7.12, como $\mathbb{Z}_p$ es finito, sólo hay que probar que $\mathbb{Z}_p$ es sin divisores de cero. Se tiene:

$$\forall\, a, b \in \mathbb{Z}_p \text{ tal que } ab \equiv 0 \mod p \Rightarrow p \mid ab,\ p \text{ primo} \Rightarrow$$
$$p \mid a \ \vee\ p \mid b \Rightarrow a \equiv 0 \mod p \ \vee\ b \equiv 0 \mod p \Rightarrow$$
$$\mathbb{Z}_p \text{ sin divisores de cero} \Rightarrow \mathbb{Z}_p \text{ cuerpo.}$$

Definición 7.14. Sean R y $\bar{R}$ dos anillos y $\phi : R \longrightarrow \bar{R}$ una aplicación. Entonces ϕ es un homomorfismo de anillos si $\forall\, a, b \in R$:

(1) $\phi(a + b) = \phi(a) + \phi(b)$

(2) $\phi(a \cdot b) = \phi(a) \cdot \phi(b)$.

Observación 7.15.

(1) Es importante observar que las operaciones " + " y " · " del lado izquierdo de (1) y (2) de la definición, son las operaciones de R, mientras que el " + " y " · " del lado derecho, son las operaciones de $\bar{R}$.

(2) Todo homomorfismo de anillos es en particular un homomorfismo de grupos, es decir, si $\phi : (R, +, \cdot) \longrightarrow (\bar{R}, +, \cdot)$ es un homormorfismo de anillos, entonces $\phi : (R, +) \longrightarrow (\bar{R}, +)$ es un homomorfismo de grupos, por lo tanto, todas las propiedades relativas a homorfismos de grupos, se verifican aquí, en particular la siguiente proposición.

Proposición 7.16. *Si $\phi : R \longrightarrow \bar{R}$ es un homomorfismo de anillos, entonces*

(1) $\phi(0) = \bar{0}$

(2) $\phi(-a) = -\phi(a) \; \forall \; a \in R$.

Dem: Ya fue probado para grupos.

Observación 7.17. Si R y $\bar{R}$ tiene elementos unidad 1 y $\bar{1}$ para la multiplicación y ϕ es un homomorfismo de anillos, no necesariamente $\phi(1) = \bar{1}$. Por ejemplo, si tomamos la aplicación $0 : R \longrightarrow \bar{R}$, definido por $0(a) = 0, \; \forall \; a \in R$, entonces ϕ es un homomorfismo, llamado homomorfismo cero, y en este caso $\phi(1) = \bar{0}$.
Sin embargo, si $\bar{R}$ es un dominio de integridad, o si $\bar{R}$ es arbitrario pero ϕ es sobreyectivo, entonces $\phi(1) = \bar{1}$.
En efecto:

(1) $\phi : R \longrightarrow \bar{R}$ sobreyectivo $\Rightarrow \exists \; a \in R$ tal que $\phi(a) = \bar{1}$.

Ahora:

$$\bar{1} = \phi(a) = \phi(1 \cdot a) = \phi(1) \cdot \phi(a) \;\Rightarrow$$
$$\phi(a) = \phi(1)^{-1} = \phi(1^{-1}) = \phi(1) \;\Rightarrow\; \phi(1) = \phi(a) = \bar{1}.$$

(2) Sea $\bar{R}$ dominio de integridad, entonces:

$$\phi(1) = \phi(1 \cdot 1) = \phi(1) \cdot \phi(1) \;\Rightarrow\; \phi(1) - \phi(1) \cdot \phi(1) = \bar{0} \;\Rightarrow$$
$$\phi(1)[\bar{1} - \phi(1)] = \bar{0} \;\Rightarrow\; \phi(1) = \bar{0} \vee \phi(1) = \bar{1}.$$

Si $\phi(1) = \bar{0}$, entonces ϕ es el homomorfismo cero, caso contrario, $\phi(1) = \bar{1}$.

Definición 7.18. Sea $\phi : R \longrightarrow \bar{R}$ un homomorfismo de anillos, entonces el núcleo $I(\phi)$ de ϕ se define como el conjunto $I(\phi) = \{a \in R \mid \phi(a) = \bar{0}\}$. Así vemos que la definición de núcleo para un homomorfismo de anillos es la misma que para homomorfismo de grupos.

Proposición 7.19. *Sea $\phi : R \longrightarrow \bar{R}$ es un homomorfismo de anillos con núcleo $I(\phi)$. Entonces:*

(1) *$I(\phi)$ es un subgrupo de R bajo la adición.*

(2) *Si $a \in I(\phi)$ y $r \in R$, entonces $ar \in I(\phi)$ y $ra \in I(\phi)$.*

Dem:

(1) Es consecuencia del hecho de que ϕ es homomorfismo de grupos.

(2) Sea $a \in I(\phi)$ y $r \in R$, entonces $\phi(a) = \bar{0}$ y

$$\phi(ar) = \phi(a)\phi(r) = \bar{0}\phi(r) = \bar{0} \Rightarrow ar \in I(\phi).$$

Análogamente, $ra \in I(\phi)$.

Ejemplo 7.20.

(1) Para el homomorfismo cero, $0 : R \longrightarrow \bar{R}$, $0(a) = \bar{0}$, $\forall a \in R$ entre dos anillos cualesquiera, $I(0) = R$.

(2) Si $R = \bar{R}$ y $\phi : R \longrightarrow R$ se define por $\phi(x) = x$, entonces $I(\phi) = \{0\}$.

(3) Para $\mathbb{Z}(\sqrt{2}) = \{m + n\sqrt{2} \in \mathbb{R} \mid m, n \in \mathbb{Z}\}$, definamos:

$$\phi : \mathbb{Z}(\sqrt{2}) \longrightarrow \mathbb{Z}(\sqrt{2}) \quad \text{por} \quad \phi(m + n\sqrt{2}) = m - n\sqrt{2}.$$

Entonces ϕ es un homomorfismo de anillos y $I(\phi) = \{0\}$.

(4) Sea $R = \mathbb{Z}$ y $\bar{R} = \mathbb{Z}_n$. Definamos $\phi : \mathbb{Z} \longrightarrow \mathbb{Z}_n$ por $\phi(a) = [a]$ (clase de congruencia módulo n). Entonces ϕ es un homomorfismo de anillos y $I(\phi) = n\mathbb{Z}$.

(5) Sea $I = [0, 1]$ y $R = \{f : I \longrightarrow \mathbb{R} \mid f \text{ continua}\}$. Definamos $\phi : R \longrightarrow \mathbb{R}$ por $\phi(f) = f(1/2)$, entonces $\forall f, g \in R$:

$$\phi(f + g) = (f + g)(1/2) = f(1/2) + g(1/2) = \phi(f) + \phi(g) \quad \wedge$$
$$\phi(fg) = (fg)(1/2) = f(1/2)g(1/2) = \phi(f)\phi(g) \Rightarrow$$
$$\phi \text{ homomorfismo de anillos.}$$

Además, $I(\phi) = \{f \in R \mid \phi(f) = 0\} = \{f \in R \mid f(1/2) = 0\}$, es decir, el núcleo de ϕ consta de todas las funciones que se anulan en $1/2$.

(6) Sea $\phi : \mathbb{C} \longrightarrow M_2(\mathbb{R})$ definida por $\phi(a+bi) = \begin{pmatrix} a & b \\ -b & a \end{pmatrix}$, entonces ϕ es un homomorfismo de anillos inyectivo. En efecto, $\forall a+bi, c+di \in \mathbb{C}$:

(a) $\phi((a+bi)+(c+di)) = \phi((a+c)+(b+d)i) =$
$$\begin{pmatrix} a+c & b+d \\ -b-d & a+c \end{pmatrix} = \begin{pmatrix} a & b \\ -b & a \end{pmatrix} + \begin{pmatrix} c & d \\ -d & c \end{pmatrix} =$$
$$\phi(a+bi) + \phi(c+di).$$

(b) $\phi((a+bi)(c+di)) = \phi((ac-bd)+(ad+bc)i) =$
$$\begin{pmatrix} ac-bd & ad+bc \\ -ad-bc & ac-bd \end{pmatrix} = \begin{pmatrix} a & b \\ -b & a \end{pmatrix} \begin{pmatrix} c & d \\ -d & c \end{pmatrix} =$$
$$\phi(a+bi)\phi(c+di).$$

Luego de (a) y (b), ϕ es un homomorfismo de anillos. Además:
$$\phi((a+bi) = \begin{pmatrix} 0 & 0 \\ 0 & 0 \end{pmatrix} \Rightarrow \begin{pmatrix} a & b \\ -b & a \end{pmatrix} = \begin{pmatrix} 0 & 0 \\ 0 & 0 \end{pmatrix} \Rightarrow$$
$$a = b = 0 \Rightarrow \phi \text{ inyectivo.}$$

Definición 7.21.

(1) Un homomorfismo de anillos $\phi : R \longrightarrow \bar{R}$ se dice un isomorfismo si ϕ es inyectiva.

(2) Dos anillos R y $\bar{R}$ se dicen isomorfos si existe un isomorfismo sobreyectivo entre ellos.

Ejemplo 7.22.

(1) Los grupos abelianos $(\mathbb{Z}, +)$ y $(2\mathbb{Z}, +)$ son isomorfos bajo la transformación $\phi : \mathbb{Z} \longrightarrow 2\mathbb{Z}$, $\phi(n) = 2n$. En efecto:
$$\forall n, m \in \mathbb{Z} : \ \phi(n+m) = 2(n+m) = 2n + 2m = \phi(n) + \phi(m)$$

Como $2\mathbb{Z}$ es cerrado bajo la multiplicación usual, tenemos que $(\mathbb{Z}, +, \cdot)$ y $(2\mathbb{Z}, +, \cdot)$ son anillos, pero ϕ no es un isomorfismo de anillos, ya que

$$\forall n, m \in \mathbb{Z}: \ \phi(nm) = 2nm \ \wedge \ \phi(n)\phi(m) = (2n)(2m) = 4nm.$$

En adelante, cuando consideremos el conjunto $n\mathbb{Z}$, estaremos considerando el anillo $(n\mathbb{Z}, +, \cdot)$.

(2) Consideremos los anillos $(\mathbb{Z}, +, \cdot)$, $(\mathbb{Z}_n, +, \cdot)$ y la función $\phi : \mathbb{Z} \longrightarrow \mathbb{Z}_n$ definida por $\phi(x) = [x]$, clase de congruencia módulo n, entonces ϕ es un homomorfismo de anillos sobreyectivo. En efecto, como $\forall n, m \in \mathbb{Z}$ se cumple que:

$$[n + m] = [n] + [m] \ \wedge \ [nm] = [n][m] \ \Rightarrow$$
$$\phi(n + m) = \phi(n) + \phi(m) \ \wedge \ \phi(nm) = \phi(n)\phi(m) \ \Rightarrow$$
$$\phi \text{ homomorfismo.}$$

Que ϕ es sobreyectivo es obvio, pues $\forall\ [n] \in \mathbb{Z}_n, \exists\ n \in \mathbb{Z}$ tal que $\phi(n) = [n]$.

Proposición 7.23. *Un homomorfismo de anillos sobreyectivo* $\phi : R \longrightarrow \bar{R}$ *es un isomorfismo si y sólo si* $I(\phi) = \{0\}$.

Dem: Análogo al caso de grupos.

Definición 7.24. Sea R un anillo y $U \subset R$, $U \neq \emptyset$. Entonces U se llama un ideal (bilateral) de R si:

(1) $U \leq R$ bajo la adición, y

(2) $\forall\ u \in U, \forall\ r \in R \ \Rightarrow \ ur, ru \in U$.

Observación 7.25.

(1) En la parte (2) de la definición 7.24, si sólo se da que $ur \in U$, diremos que U es un ideal derecho, y si sólo se da que $ru \in U$, diremos que es un ideal izquierdo. En lo que sigue, trataremos sólo

ideales bilaterales, razón por la cual los llamaremos simplemente ideal, a menos que digamos otra cosa.

(2) La idea intuitiva de un ideal, es la de un subgrupo aditivo del anillo con la propiedad de que absorbe la multiplicación por elementos de R tanto a la izquierda como a la derecha.

Ejemplo 7.26.

(1) En todo anillo $(R, +, \cdot)$, los subgrupos $\{0\}$ y R son ideales, llamados ideales triviales.

(2) En $(\mathbb{Z}, +, \cdot)$, los subgrupos $n\mathbb{Z}$, $n \in \mathbb{N}$ son ideales. En efecto:

$$\forall\, a \in \mathbb{Z},\ \forall x = nm \in n\mathbb{Z} \ \Rightarrow\ ax = a(nm) = n(am) \in n\mathbb{Z}.$$

(3) En el anillo $\mathbb{Z}$, consideremos el ideal $20\mathbb{Z}$. Busquemos todos los ideales V de $\mathbb{Z}$ tal que $20\mathbb{Z} \subset V \subset \mathbb{Z}$. Un tal ideal V debe ser de la forma $n\mathbb{Z}$ tal que n sea un divisor de 20, y los divisores de 20 son $2, 4, 5$ y 10, de donde obtenemos el diagrama de inclusiones:

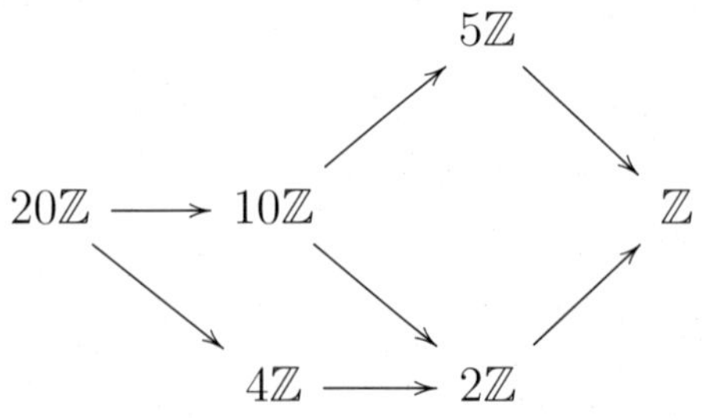

Proposición 7.27. *Sea R un anillo y U un ideal. Entonces R/U es un anillo y es una imagen homomorfa de R.*

Dem: Como R es abeliano, U es abeliano, por lo tanto $U \trianglelefteq R$, luego podemos considerar el conjunto cociente $R/U = \{a + U \mid a \in R\}$, donde no hacemos distinción entre clases laterales derechas e izquierda ya que son iguales. De los resultados previos, R/U es un grupo abeliano bajo la adición, donde

$$(a + U) + (b + U) = (a + b) + U, \quad \forall a + U, b + U \in R/U.$$

Para que R/U tenga estructura de anillo, debemos definir una multiplicación, y es natural definirla por

$$(a + U)(b + U) = ab + U, \quad \forall a + U, b + U \in R/U.$$

Debemos verificar que este producto está bien definido, es decir,

$$a + U = a' + U \ \wedge \ b + U = b' + U \ \Rightarrow \ ab + U = a'b' + U.$$

Tenemos:

$$\begin{gathered}(a + U = a' + U \ \Rightarrow \ a = a' + u_1, \ u_1 \in U) \wedge \\ (b + U = b' + U \ \Rightarrow \ b = b' + u_2, \ u_2 \in U) \ \Rightarrow \\ ab = (a' + u_1)(b' + u_2) = a'b' + a'u_2 + u_2b' + u_1u_2 = a'b' + u_3,\end{gathered}$$

donde $u_3 = a'u_2 + u_2b' + u_1u_2 \in U$ por ser U un ideal. Por lo tanto:

$$ab + U = a'b' + u_3 + U = a'b' + U, \text{ ya que } u_3 + U = U \ (u_3 \in U).$$

Ahora debemos verificar que se cumplen todos los axiomas de anillo, pero como todas son análogas, sólo probaremos la distributividad, dejando las otras como ejercicio.

Sean $X = a + U, Y = b + U, Z = c + U \in R/U, \ a, b, c \in R$, entonces:

$$\begin{gathered}X(Y + Z) = (a + U)[(b + U) + (c + U)] = (a + U)[(b + c) + U] = \\ a(b + c) + U = (ab + ac) + U = (ab + U) + (ac + U) = \\ (a + U)(b + U) + (a + U)(c + U) = XY + XZ.\end{gathered}$$

Así hemos verificado que R/U es un anillo, y si además R es conmutativo, también lo es R/U, ya que:

$$(a + U)(b + U) = ab + U = ba + U = (b + U)(a + U).$$

Si el anillo R tiene unidad, digamos 1, entonces R/U también tiene unidad, a saber, $1 + U$.

Finalmente, definamos $\phi : R \longrightarrow R/U$ por $\phi(a) = a + U$, $\forall a \in R$, entonces ϕ es un homomorfismo de anillos y $I(\phi) = U$, por lo tanto, R/U es imagen homomorfa del anillo R.

Ejemplo 7.28.

(1) El subconjunto $U = 3\mathbb{Z}_6 = \{0, 3\}$ de $\mathbb{Z}_6$ es claramente un ideal de $\mathbb{Z}_6$ y tenemos el anillo cociente $\mathbb{Z}_6/U = \{0 + U, 1 + U, 2 + U\}$. De las tablas de sumar y multiplicar, vemos que $\mathbb{Z}_6/U \approx \mathbb{Z}_3$, donde el isomorfismo está dado por:

$$\phi : \mathbb{Z}_6/U \longrightarrow \mathbb{Z}_3,\ i + U \mapsto \phi(i + U) = i,\ i = 0, 1, 2.$$

(2) En $\mathbb{Z} \times \mathbb{Z}$ definimos la suma y el producto componente a componente, es decir:

$$\forall (a, b), (c, d) \in \mathbb{Z} \times \mathbb{Z} :\ (a, b) + (c, d) = (a + c, b + d) \wedge (a, b)(c, d) = (ac, bd).$$

El fácil comprobar que $(\mathbb{Z} \times \mathbb{Z}, +, \cdot)$ es un anillo conmutativo con unidad, donde la unidad es el $(1, 1)$.

Por otro lado, $\mathbb{Z} \times \mathbb{Z}$ no es dominio de integridad, ya que $(1, 0)(0, 1) = (0, 0)$ lo que muestra que $(1, 0)$ y $(0, 1)$ son divisores de cero.

Consideremos el conjunto $U = \{(0, n) \mid n \in \mathbb{Z}\}$, entonces U es un ideal de $\mathbb{Z} \times \mathbb{Z}$ y $(\mathbb{Z} \times \mathbb{Z})/U = \{(m, 0) + U \mid m \in \mathbb{Z}\}$.

Ahora, $\forall (m, 0) + U \in (\mathbb{Z} \times \mathbb{Z})/U$, la aplicación:

$$\phi : (\mathbb{Z} \times \mathbb{Z})/U \longrightarrow \mathbb{Z},\ (m, 0) + U \mapsto \phi((m, 0) + U) = m$$

define un isomorfismo de anillos, y por lo tanto, $(\mathbb{Z} \times \mathbb{Z})/U) \approx \mathbb{Z}$. Luego un anillo cociente puede ser un dominio de integridad, sin que lo sea el anillo original.

Teorema 7.29. *Sean R y $\bar{R}$ anillos y $\phi : R \longrightarrow \bar{R}$ homomorfismo de anillos sobreyectivo con núcleo U. Entonces $\bar{R}$ es isomorfo a R/U.*

Además hay una correspondencia biyectiva entre el conjunto de ideales de $\bar{R}$ y el conjunto de ideales de R que contienen a U.

Dem: Probar que $\bar{R} \approx R/U$ es análogo a lo realizado para isomorfismo de grupos.

Proposición 7.30. *Sea R un anillo conmutativo con unidad cuyos únicos ideales son $\{0\}$ y R. Entonces R es un cuerpo.*

Dem: Debemos probar que $\forall a \in R$, $a \neq 0$, $\exists\, b \in R$ tal que $ab = 1$.
Sea $a \in R$, $a \neq 0$ y consideremos el conjunto $Ra = \{ra \mid r \in R\}$, entonces Ra es un ideal de R. En efecto, debemos probar que:

(1) $Ra \leq R$ con la adición, y

(2) $\forall u \in Ra$ y $r \in R$, $ru \in Ra$, y en este caso, $ur \in Ra$ ya que $ru = ur$ (R es conmutativo).

En efecto:

(1) Si $u, v \in Ra$, entonces $u = r_1 a$, $v = r_2 a$ para $r_1, r_2 \in R$, entonces:

$$u + v = r_1 a + r_2 a = (r_1 + r_1)a \in Ra \quad \wedge$$
$$-u = -r_1 a = (-r_1)a \in Ra \;\Rightarrow\; Ra \leq R.$$

(2) Ahora, $r \in R \;\Rightarrow\; ru = r(r_1 a) = (rr_1)a \in Ra \;\Rightarrow\; Ra$ ideal de R.

Por hipótesis, $Ra = \{0\}$ o $Ra = R$. Como $0 \neq a = 1a \in Ra$, $Ra \neq \{0\}$, luego necesariamente $Ra = R$, lo que quiere decir que todo elemento de R es el producto de a por algún elemento de R, en particular $1 \in R$, y así, $\exists\, b \in R$ tal que $ba = 1$, con lo que obtenemos que R es un cuerpo.

Definición 7.31. Sea R un anillo y $M \neq R$ un ideal. Diremos que M es un ideal maximal de R cuando para cualquier ideal U de R tal que $M \subset U \subset R$, se tiene que $U = M$ o $U = R$.

Observación 7.32.

(1) Un ideal M será maximal si no es posible encontrar otro ideal entre él y el anillo total.

(2) Nada garantiza que existan ideales maximales, ni tampoco que sea único, es decir, podrían haber varios ideales maximales o ninguno.

Ejemplo 7.33.

(1) Sea $\mathbb{Z}$ el anillo de los enteros y U ideal de $\mathbb{Z}$, es decir, $U = n_0\mathbb{Z}$ para un entero positivo fijo n_0. Afirmamos que:

$$n_0\mathbb{Z} \text{ maximal} \iff n_0 = p \text{ primo}$$

En efecto:

($\Rightarrow$) Sea $M = n_0\mathbb{Z}$ maximal en $\mathbb{Z}$ y $n_0 = ab$, con $a, b \in \mathbb{Z}^+$, debemos probar que $a = 1$ o $b = 1$. En efecto:

$$M \subset a\mathbb{Z} \subset \mathbb{Z} \Rightarrow \begin{cases} a\mathbb{Z} = \mathbb{Z} \Rightarrow a = 1 \\ \vee \\ a\mathbb{Z} = M \Rightarrow a = n_0 r, \ r \in \mathbb{Z} \Rightarrow \\ n_0 = ab = n_0 rb \Rightarrow rb = 1 \Rightarrow (\ b = 1 \wedge n_0 = a\ ) \end{cases}$$

Por lo tanto n_0 es un número primo.

($\Leftarrow$) Sea $n_0 = p$ primo y U ideal de $\mathbb{Z}$ con $p\mathbb{Z} \subset U$, entonces $U = n_0\mathbb{Z}$ para algún $n_0 \in \mathbb{Z}$. Como $p \in p\mathbb{Z} \subset n_0\mathbb{Z}$, $p = n_0 m$ para algún $m \in \mathbb{Z}$ y p primo, implica $n_0 = 1$ o $n_0 = p$.

(i) Si $n_0 = 1$, entonces:

$1 \in n_0\mathbb{Z} \Rightarrow r = 1r \in n_0\mathbb{Z}\ \forall r \in \mathbb{Z} \Rightarrow n_0\mathbb{Z} = \mathbb{Z}.$

(ii) Si $n_0 = p$, entonces:

$p\mathbb{Z} \subset n_0\mathbb{Z} \subset p\mathbb{Z} \Rightarrow n_0\mathbb{Z} = p\mathbb{Z}.$

Por lo tanto, entre $p\mathbb{Z}$ y $\mathbb{Z}$, salvo ellos mismos, no puede haber ningún ideal.

(2) Determinemos todos los ideales maximales del anillo $\mathbb{Z}_{10}$. Al igual que en el anillo $\mathbb{Z}$, sus ideales son de la forma $n\mathbb{Z}_{10}$, con $n \in \mathbb{N}$, por lo tanto tenemos la siguiente lista de ideales:

$\{0\}$; $\quad 2\mathbb{Z}_{10} = 4\mathbb{Z}_{10} = 6\mathbb{Z}_{10} = 8\mathbb{Z}_{10} = \{0,2,4,6,8\}$;

$Z_{10} = 3\mathbb{Z}_{10} = 7\mathbb{Z}_{10} = 9\mathbb{Z}_{10}$; $\quad 5\mathbb{Z}_{10} = \{0,5\}$

y su diagrama de inclusiones:

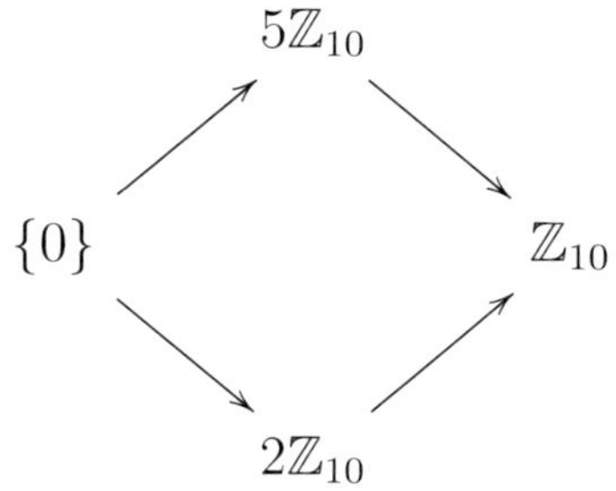

Por lo tanto todos los ideales no triviales son maximales.

(3) Sea $I = [0,1]$ y $R = \{f : I \longrightarrow \mathbb{R} \mid f \text{ continua}\}$ el anillo de funciones continuas sobre I. Sea $M = \{f \in R \mid f(1/2) = 0\}$. Afirmamos que M es un ideal maximal. En efecto:

(a) M ideal:

(i) $\forall f, g \in M,\ f(1/2) + g(1/2) = 0 + 0 = 0 \Rightarrow f + g \in M$ (clausura).

(ii) $\forall\ f \in M,\ -f \in M$ ya que:

$(-f)(1/2) = -f(1/2) = -0 = 0$ (existencia de inversos).

Luego de (i) y (ii), $M \leq R$.

(iii) $\forall\ f \in M,\ \forall\ h \in R$,

$(fh)(1/2) = f(1/2)h(1/2) = 0 \cdot h(1/2) = 0$ y

$(hf)(1/2) = h(1/2)f(1/2) = h(1/2) \cdot 0 = 0$, de donde $fh, hf \in M$ y por lo tanto M es un ideal de R.

(b) M maximal:

Sea U ideal de R tal que $M \subset U \subset R$, entonces:

$$\exists\ g \in U \text{ tal que } g \notin M \ \Rightarrow\ g(1/2) = \alpha \neq 0.$$

Sea $h(x) = g(x) - \alpha$, entonces:

$$h(1/2) = g(1/2) - \alpha = 0 \Rightarrow h \in M \subset U \wedge g \in U \Rightarrow$$
$$\alpha = g - h \in U \wedge \alpha^{-1} \in R \Rightarrow 1 = \alpha\alpha^{-1} \in U$$
$$(\text{por ser } U \text{ ideal}).$$

Luego:

$$\forall\, t(x) \in R,\, t(x) = 1 \cdot t(x) \in U \Rightarrow U = R \Rightarrow M \text{ maximal.}$$

En general tenemos que si $0 \leq \gamma \leq 1$, entonces $M_\gamma = \{f \in R \mid f(\gamma) = 0\}$ es un ideal maximal de R.

Teorema 7.34. *Sea R un anillo conmutativo con unidad y M un ideal de R. Entonces: M ideal maximal de $R \iff R/M$ es un cuerpo.*

Dem:

($\Leftarrow$) Sea M ideal de R tal que R/M es un cuerpo, entonces sus únicos ideales son $\{0\}$ y R/M. Pero sabemos que existe una correspondencia inyectiva entre el conjunto de ideales de R/M y el conjunto de ideales de R que contienen a M. El ideal M de R se corresponde al ideal $\{0\}$ de R/M, mientras que el ideal R de R se corresponde con el ideal R/M de R/M. Luego no hay ningún ideal entre M y R aparte de ellos mismos, así M es un ideal maximal.

($\Rightarrow$) Sea M ideal maximal de R, entonces por la correspondencia entre los ideales de R y R/M, R/M tiene solamente a $\{0\}$ y R/M como ideales. Por otra parte, R/M es conmutativo con unidad, de donde podemos concluir que R/M es un cuerpo.

Proposición 7.35. *Un anillo conmutativo con unidad R es un cuerpo si y sólo si no contiene ideales propios no triviales.*

Dem:

($\Rightarrow$) Sea $U \leq R$ un ideal con R cuerpo.

Si $U \neq \{0\}$, sea $u \in U$ con $u \neq 0$. Como R es cuerpo, $\exists\, u^{-1} \in R$, y por ser U ideal, $uu^{-1} = 1 \in U$, y por lo tanto, $\forall\ r \in R$: $1r = r \in U \ \Rightarrow\ U = R$. Luego R no contiene ideales propios no triviales.

($\Leftarrow$) Como R no tiene ideales propios no triviales, entonces $\{0\}$ es un ideal maximal, y luego $R/\{0\} \approx R$ es un cuerpo.

Observación 7.36. Hemos visto que si R es un anillo conmutativo con unidad y $M \leq R$ es un ideal maximal, entonces R/M es un cuerpo.
¿Qué característica debe tener un ideal $U \leq R$ para que R/U sea un dominio de integridad?
Sabemos que R/U es un dominio de integridad si y sólo si $(a+U)(b+U) = U$ implica que $a+U = U$ o $b+U = U$, que es equivalente a decir que R/U no tiene divisores de cero.
Ahora: $(a+U)(b+U) = ab + U = U \ \Rightarrow\ ab \in U$, y como U es ideal, basta que $a \in U$ o $b \in U$.

Ejemplo 7.37. Los ideales del anillo $\mathbb{Z}$ son de la forma $n\mathbb{Z}$, $n \in \mathbb{N}$. Hemos visto que $\mathbb{Z}/n\mathbb{Z} \approx \mathbb{Z}_n$ y que $\mathbb{Z}_n$ es un dominio de integridad si y sólo si n es primo. Por lo tanto, los ideales $n\mathbb{Z}$ tales que $\mathbb{Z}/n\mathbb{Z}$ es un dominio de integridad son de la forma $p\mathbb{Z}$, con p número primo. Pero sabemos que $\mathbb{Z}/p\mathbb{Z}$ es un cuerpo, y por ende $p\mathbb{Z}$ es un ideal maximal de $\mathbb{Z}$. Note que si un producto $rs \in p\mathbb{Z}$, entonces $p \mid rs \ \Rightarrow\ p \mid r \ \vee\ p \mid s$.
De esta última observación relativa a los números primos, tiene sentido la siguiente definición.

Definición 7.38. Sea R un anillo conmutativo y $U \neq R$ un ideal. Diremos que U es un ideal primo si $\forall\ a, b \in R, ab \in U \ \Rightarrow\ a \in U \ \vee\ b \in U$.

Teorema 7.39. *Sea R un anillo conmutativo con unidad y $U \neq R$ un ideal. Entonces R/U es un dominio de integridad si y sólo si U es un ideal primo de R.*

Dem: Observación 7.36 y de la definición 7.38.

Proposición 7.40. *Todo ideal maximal en un anillo conmutativo con unidad R es un ideal primo.*

Dem: Si $M \leq R$ es maximal, entonces R/M es un cuerpo, luego dominio de integridad, y por teorema 7.39, M ideal primo.

Observación 7.41. Resumiendo, en un anillo conmutativo con unidad R, tenemos lo siguiente:

(1) M ideal de R es maximal $\iff$ R/M es un cuerpo
(2) U ideal de R es primo $\iff$ R/U es un dominio de integridad.
(3) Todo ideal maximal de R es un ideal primo.

7.2. **Ejercicios de la sección.**

(1) Hallar todos los elementos invertibles de $\mathbb{Z}_6$, $\mathbb{Z}_{14}$, $\mathbb{Z}_{11}$, $\mathbb{Z}_4 \times \mathbb{Z}_6$, $\mathbb{Z}_3 \times \mathbb{Z}_3$, $\mathbb{Z}_3 \times \mathbb{Z}_6$ y $\mathbb{Z}$.
(2) Sea U un ideal de R tal que $1 \in U$. Pruebe que $U = R$.
(3) Si F es un cuerpo, pruebe que los únicos ideales de F son $\{0\}$ y el mismo F.
(4) Si R es un anillo y $a, b, c, d \in R$, evalúe $(a+b)(c+d)$.
(5) Si R es un anillo y $a, b \in R$, entonces $(a+b)^2 = a^2 + ab + ba + b^2$, donde x^2 se debe entender xx.
(6) Encuentre la forma del teorema del binomio en un anillo general, es decir, encuentre una expresión para $(a+b)^n$ cuando $n \in \mathbb{N}$.
(7) Si R es un anillo y $\forall x \in R$ satisface $x^2 = x$, pruebe que R debe ser conmutativo. (Un anillo en el que $x^2 = x$ $\forall x \in R$, se llama anillo booleano).

(8) Si R es un anillo pruebe que $\forall a, b \in R$ y $\forall n, m \in \mathbb{Z}$, se verifica $(na)(mb) = (nm)(ab)$.

(9) Se dice que un dominio de integridad D es de característica 0 si la relación $ma = 0$ donde $a \in D \setminus \{0\}$ y m es un entero puede solamente verificarse si $m = 0$. Se dice que D es de característica finita si para algún $a \neq 0 \in D$ y algún entero $m \neq 0$, $ma = 0$. La característica de D se define entonces como el mínimo entero p tal que $pa = 0$ para algún $a \neq 0 \in D$.

Pruebe que:

(a) Si D es de característica p entonces $px = 0 \; \forall x \in D$

(b) La característica de un dominio de integridad o es 0 o un número primo.

(10) Si R es un sistema que satisface todas las condiciones de los anillos con elemento unidad con la posible excepción de $a + b = b + a$, pruebe que el axioma $a + b = b + a$ debe verificarse en R, y que R es por lo tanto un anillo. (Sugerencia: desarrolle en dos formas $(a + b)(1 + 1)$).

(11) Pruebe que el anillo conmutativo D es un dominio de integridad si y sólo si para $a, b, c \in D$, $a \neq 0$, la relación $ab = ac \Rightarrow b = c$.

(12) Pruebe que todo cuerpo es un dominio de integridad.

(13) Pruebe que cualquier homomorfismo de un cuerpo o es un isomorfismo o lleva todos los elementos en el 0.

(14) Si R es un anillo conmutativo y $a \in R$, pruebe que:

(a) $aR = \{ar \mid r \in R\}$ es un ideal bilateral de R.

(b) Pruebe mediante un ejemplo que (a) es falso si R no es conmutativo.

(15) Si U y V son ideales de R, sea $U + V = \{u + v \mid u \in U, v \in V\}$. Pruebe que $U + V$ también es un ideal.

(16) Si U y V son ideales de R, sea UV el conjunto de todos los elementos que pueden escribirse como sumas finitas de elementos de la forma uv con $u \in U$ y $v \in V$. Pruebe que UV es un ideal de R.

(17) En el problema anterior, pruebe que $UV \subset U \cap V$.

(18) Si R es el anillos de los enteros, sea U el ideal consistente de todos los múltiplos de 17. Pruebe que si V es un ideal de R y $U \subset V \subset R$, entonces $V = R$ o $V = U$. Generalice el resultado.

(19) Si U es un ideal de R, sea $r(U) = \{x \in R \mid xu = 0 \ \forall u \in U\}$. Pruebe que $r(U)$ es un ideal de R.

(20) Si U es un ideal de R, sea $[R : U] = \{x \in R \mid rx \in U \ \forall r \in R\}$. Pruebe que $[R : U]$ es un ideal de R que contiene a U.

(21) Sea R un anillo con unidad. Usando sus elementos definimos un anillo $\tilde{R}$ conviniendo que $a \oplus b = a + b + 1$ y $a \cdot b = ab + a + b$ donde $a, b \in R$ y la adición y multiplicación en los miembros de la derecha son las operaciones de R.

   (a) Pruebe que $\tilde{R}$ es un anillo bajo las operaciones $\oplus$ y $\cdot$
   (b) ¿Qué elemento es el que actúa como cero de $\tilde{R}$?
   (c) ¿Qué elemento es el que actúa como el uno de $\tilde{R}$?
   (d) Pruebe que R y $\tilde{R}$ son isomorfos.

(22) Sea R un anillo y para $a \in R$ sea $Ra = \{xa \mid x \in R\}$. Pruebe que Ra es un ideal izquierdo de R.

(23) Sea R un anillo. Pruebe que la intersección de dos ideales izquierdo de R es un ideal izquierdo de R.

(24) ¿Qué puede decirse de la intersección de un ideal izquierdo con un ideal derecho de R?.

(25) Si R es un anillo y $a \in R$, sea $r(a) = \{x \in R \mid ax = 0\}$. Pruebe que $r(a)$ es un ideal derecho de R.

(26) Si R es un anillo y L un ideal izquierdo de R, sea $\lambda(L) = \{x \in R \mid xa = 0 \ \forall a \in L\}$. Pruebe que $\lambda(L)$ es un ideal bilateral de R.

(27) Si R es un anillo con elemento unidad 1 y ϕ es un homomorfismo sobreyectivo de R sobre $\tilde{R}$, pruebe que $\phi(1)$ es el elemento unidad de $\tilde{R}$

(28) Si R es un anillo con elemento unidad 1 y ϕ es un homomorfismo de R en un dominio de integridad $\tilde{R}$ tal que $I(\phi) \neq R$, pruebe que $\phi(1)$ es el elemento unidad de $\tilde{R}$.

8. CAPÍTULO VII - SOLUCIÓN DE PROBLEMAS PROPUESTOS

8.1. Sección Conceptos Preliminares.

(1) En el conjunto $\mathbb{N}$ se define la relación $a * b = a(b+2)\ \forall a, b \in \mathbb{N}$. ¿Es $*$ una ley de composición interna?

Sol: $\forall a, b \in \mathbb{N}$, $a, b+2 \in \mathbb{N} \Rightarrow a(b+2) \in \mathbb{N} \Rightarrow$ ley de composición interna.

(2) Para cada uno de los conjuntos y relaciones dadas a continuación, determine cuáles definen relaciones de equivalencia. Si la relación es de equivalencia, describa las clases de equivalencia.

(a) $\forall a, b \in \mathbb{Z},\ a \sim b \iff ab \geq 0$.

Sol: No, no es transitiva: si $a = 2$, $b = 0$ y $c = -2$, entonces $ab \geq 0$ $(a \sim b)$, $bc \geq 0$ $(b \sim c)$, pero $ac < 0$ $(a \nsim b)$.

(b) $\forall a, b \in \mathbb{Z},\ a \sim b \iff a > b \land b > a$.

Sol: No, no es refleja.

(c) $\forall x, y \in \mathbb{R},\ x \sim y \iff |x - y| \leq 3$.

Sol: No, no es transitiva: $x = 0 \sim y = 3$ $(|x - y| = 3 \leq 3)$ e $y = 3 \sim z = 6$ $(|y - z| = 3 \leq 3)$, pero $x \nsim z$ ya que $|x - z| = 6 \geq 3$.

(d) Si A el conjunto de todos los seres humanos vivos, definimos:

$$\forall a, b \in A,\ a \sim b \iff a \land b \text{ tienen un antecesor común.}$$

Sol: No, no es transitiva: Si a y b tienen una misma madre pero distinto padre, $a \sim b$, y si b y c tienen el mismo padre, pero diferente madre, $b \sim c$, mientras que a y c no tienen antecesores común.

(e) Para el mismo conjunto anterior, definimos:

$$\forall a, b \in A,\ a \sim b \iff$$

$$a \text{ vive a menos de 100 kilómetros de distancia de } b.$$

Sol: No, no es transitiva por el mismo argumento de (c).

(f) Sea A el conjunto de todas las rectas del plano:

$$\forall a, b \in A,\ a \sim b \iff a \text{ es paralela a } b.$$

Sol: Si, las clases de equivalencia están dadas por todas las rectas del plano que son paralelas a una dada. De hecho, si $a = mx + n$, con $m, n \in \mathbb{R}$, entonces $b \sim a \iff b = mx + \tilde{n}$, con $\tilde{n} \in \mathbb{R}$, y la clase de equivalencia de a se puede identificar con $[a] = m \in \mathbb{R}$ su pendiente, es decir, el conjunto de clases de equivalencia se puede identificar con el conjunto $\mathbb{R}$.

(3) En $\mathbb{R}^2$ definimos la relación:

$$\forall (x_1, y_1), (x_2, y_2) \in \mathbb{R}^2,\ (x_1, y_1) \sim (x_2, y_2) \iff$$
$$x_2 = x_1 + n, y_2 = y_1 + m, n, m \in \mathbb{Z}.$$

Verifique que $\sim$ es una relación de equivalencia, determine las clases de equivalencia y un subconjunto de $\mathbb{R}^2$ que contenga exactamente un representante de cada clase.

Sol:

(a) Reflexividad: $\forall (x, y) \in \mathbb{R}^2, x = x + 0, y = y + 0 \Rightarrow (x, y) \sim (x, y)$.

(b) Simetria:

$(x_1, y_1) \sim (x_2, y_2) \Rightarrow x_2 = x_1 + n, y_2 = y_1 + m, n, m \in \mathbb{Z} \Rightarrow x_1 = x_2 + (-n), y_1 = y_2 + (-m), -n, -m \in \mathbb{Z} \Rightarrow (x_2, y_2) \sim (x_1, y_1)$.

(c) Transitividad: $\forall (x_1, y_1), (x_2, y_2), (x_3, y_3) \in \mathbb{R}^2$:

$$(x_1, y_1) \sim (x_2, y_2) \ \wedge\ (x_2, y_2) \sim (x_3, y_3) \Rightarrow$$
$$[(x_2 = x_1 + n_1, y_2 = y_1 + m_1) \wedge$$
$$(x_3 = x_2 + n_2, y_3 = y_2 + m_2) \text{ con } n_1, n_2, m_1, m_2 \in \mathbb{Z})] \Rightarrow$$
$$x_3 = x_1 + (n_1 + n_2), y_3 = y_1 + (m_1 + m_2),$$
$$n_1 + n_2, m_1 + m_2 \in \mathbb{Z} \Rightarrow (x_1, y_1) \sim (x_3, y_3).$$

Luego $\sim$ es una relación de equivalencia y $\forall\ (x,y) \in \mathbb{R}^2$:

$$[(x,y)] = \{(x+n, y+m) \mid n,m \in \mathbb{Z}\},$$

es decir, la clase de equivalencia de $(x,y) \in \mathbb{R}^2$, es el conjunto de todas las traslaciones de (x,y) por números enteros.

Para determinar un subconjunto de $\mathbb{R}^2$ que contenga un representante de cada clase, notemos que:

$$\forall\ x,y \in \mathbb{R}, \exists\ n,m \in \mathbb{Z} \text{ tal que}$$

$$0 \le x+n < 1\ \wedge\ 0 \le y+m < 1.$$

Por lo tanto, en la región $R = [0,1[\times[0,1[$ hay un único representante de cada clase, y si consideramos la región $\bar{R} = [0,1] \times [0,1]$, entonces en la frontera de $\bar{R}$ hay dos representantes de una misma clase que se indentifican verticalmente y horizontalmente respectivamente, por lo tanto identificando los puntos de la frontera, es decir, si "pegamos" los bordes, obtenemos la superficie del toro.

(4) Encuentre el número de relaciones de equivalencia posibles en un conjunto S según tenga: 1 elemento; 2 elementos y 3 elementos.

Sol: Usamos la definición 2.4:

(a) $S = \{a\}$, entonces $S \times S = \{(a,a)\}$ y tiene sólo la relación de equivalencia $R = S \times S = \{(a,a)\}$.

(b) $S = \{a,b\}$, entonces $S \times S = \{(a,a),(a,b),(b,a),(b,b)\}$ y tenemos las relaciones de equivalencia $R_1 = \{(a,a),(b,b)\}$ y $R_2 = S \times S$.

(c) $S = \{a,b,c\}$, entonces

$S{\times}S = \{(a,a),(a,b),(a,c),(b,a),(b,b),(b,c),(c,a),(c,b),(c,c)\}$

y tenemos las relaciones de equivalencias:

(i) $R_1 = \{(a,a),(b,b),(c,c)\}$

(ii) $R_2 = \{(a,a),(b,b),(c,c),(a,b),(b,c)\}$

(iii) $R_3 = \{(a,a),(b,b),(c,c),(a,c),(c,a)\}$

(iv) $R_4 = \{(a,a),(b,b),(c,c),(b,c),(c,b)\}$

(v) $R_5 = S \times S$

(5) Si el conjunto S tiene n elementos, pruebe que S_n tiene $n!$ (factorial de n) elementos.

Sol: Sea $S = \{x_1, ..., x_n\}$ y contemos cuantas funciones biyectivas hay de S en S. Para x_1 hay n posibles imágenes, una vez fijada una imagen para x_1, para x_2 hay $n-1$ posibles imágenes; fijadas imágenes para x_1 y para x_2, para x_3 hay $n-2$ posibles imágenes, y así sucesivamente. En total hay:

$n \cdot (n-1) \cdot (n-2) \cdots 2 \cdot 1 = n!$ funciones biyectivas distintas de S en S.

(6) Si el conjunto S tiene un número finito de elementos, pruebe que:

(a) Si $\sigma : S \to S$ es sobreyectiva, entonces σ es inyectiva.

Sol: Sea $\#S = n$. Si σ no es inyectiva, $\exists x_1, x_2 \in S, x_1 \neq x_2$ tal que $\sigma(x_1) = \sigma(x_2) = y_1$. Luego como $\#(S - \{x_1, x_2\}) = n-2$ y $\#(S - \{y_1\}) = n-1$ la restricción de σ: $\sigma_{|(S-\{x_1,x_2\})}$: $S - \{x_1, x_2\} \longrightarrow S - \{y_1\}$ no puede ser sobreyectiva $(\Rightarrow\Leftarrow)$

(b) Si $\sigma : S \to S$ es inyectiva, entonces σ es sobreyectiva.

Sol: Sea $\#S = n$ y σ inyectiva, entonces $\#\sigma(S) = n \Rightarrow \sigma(S) = S$, y por lo tanto σ sobreyectiva.

(c) Pruebe con un ejemplo que tanto (a) y (b) son falsas si S tiene infinitos elementos.

Sol: Sea $\sigma : \mathbb{Z} \longrightarrow \mathbb{Z}$ definida por $\sigma(n) = 2n$, entonces σ es inyectiva pero no sobreyectiva.

Por otro lado, si $\psi : \mathbb{R} \longrightarrow \mathbb{R}$ es definida por $\psi(x) = x^3 - x$, entonces ψ es sobreyectiva pero no inyectiva.

(7) Si $\sigma, \tau : S \longrightarrow S$, pruebe que:

(a) Si $\sigma \circ \tau$ es sobreyectiva, no necesariamente σ y τ lo son.

Sol: Sean $\tau : \mathbb{R} \longrightarrow \mathbb{R}$ y $\sigma : \mathbb{R} \longrightarrow \mathbb{R}$ definidas por $\tau(x) = e^x$ y

$$\sigma(x) = \begin{cases} \log x & \text{si} \quad x > 0 \\ 0 & \text{si} \quad x \leq 0 \end{cases}.$$

Entonces $\sigma \circ \tau : \mathbb{R} \longrightarrow \mathbb{R}$, $(\sigma \circ \tau)(x) = x$ es sobreyectiva, pero τ no lo es. Observe que para ser $\sigma \circ \tau$ sobreyectiva, necesariamente σ debe ser sobreyectiva.

(b) Si $\sigma \circ \tau$ es inyectiva, no necesariamente σ y τ lo son.

Sol: Sean $\tau : \mathbb{N} \longrightarrow \mathbb{N}$ y $\sigma : \mathbb{N} \longrightarrow \mathbb{N}$ definidas por

$$\tau(n) = n + 1 \text{ y } \sigma(n) = \begin{cases} 1 & \text{si} \quad n = 1 \\ n - 1 & \text{si} \quad n \geq 2 \end{cases}.$$

Entonces $\sigma \circ \tau : \mathbb{N} \longrightarrow \mathbb{N}$ $(\sigma \circ \tau)(n) = n$ es inyectiva, pero σ no lo es.

(8) Un conjunto S se dice *infinito* si hay una correspondencia biyectiva entre S y un subconjunto propio de S. Pruebe que:

(a) El conjunto de los enteros es infinito.

Sol: Sea $\phi : \mathbb{Z} \longrightarrow 2\mathbb{Z}$ definida por $\phi(n) = 2n$, entonces ϕ es biyectiva y $2\mathbb{Z}$ subconjunto propio de $\mathbb{Z}$.

(b) El conjunto de los números reales es infinito.

Sol: Sea $\varphi : \mathbb{R} \longrightarrow]-\pi/2, \pi/2[$ definida por $\varphi(x) = \arctan(x)$. Entonces φ es biyectiva y $]-\pi/2, \pi/2[$ subconjunto propio de $\mathbb{R}$.

(c) Si un conjunto S tiene un subconjunto A que es infinito, entonces S debe ser infinito.

Sol: Si $A \subset S$ es infinito, entonces existe $\tilde{A}$ subconjunto propio de A y $\varphi : A \longrightarrow \tilde{A}$ biyectiva. Definamos $\psi : S = (S - A) \cup A \longrightarrow (S - A) \cup \tilde{A}$ por

$$\psi(x) = \begin{cases} x & \text{si} \quad x \in S - A \\ \varphi(x) & \text{si} \quad x \in A \end{cases}$$

Entonces ψ es biyectiva y $(S - A) \cup \tilde{A}$ subconjunto propio de S, luego S infinito.

8.2. **Sección Grupo.**

(1) Sea $\Omega \neq \emptyset$ y considere $\mathcal{P}(\Omega)$ el conjunto de subconjuntos de Ω. Para

$A, B \in \mathcal{P}(\Omega)$, determine cuales de las siguientes operaciones definidas sobre $\mathcal{P}(\Omega)$ son operaciones binarias y cuales son abelianas:

(a) Union: $A * B = A \cup B$

(b) Intersección: $A * B = A \cap B$

(c) Diferencia simétrica:

$A \bigtriangleup B = (A \cap B^c) \cup (A^c \cap B) = (A \cup B) \setminus (A \cap B)$.

Sol:

(a) $\forall\ A, B \subset \Omega, A \cup B \subset \Omega \quad \Rightarrow$ operación binaria. Además, $A \cup B = B \cup A \ \Rightarrow$ abeliana.

(b) $\forall\ A, B \subset \Omega, A \cap B \subset \Omega \quad \Rightarrow$ operación binaria. Además, $A \cap B = B \cap A \ \Rightarrow$ abeliana.

(c) $\forall\ A, B \subset \Omega$, por (a) y (b), $A \cup B, A \cap B \subset \Omega$ y $(A \cup B) \setminus (A \cap B) \in \Omega \ \Rightarrow$ operación binaria. Además la operación es abeliana, lo que se puede chequear más facilmente utilizando diagramas de Veen.

(2) Determine cuáles de las siguientes operaciones binarias sobre $\mathbb{Z}$ son asociativas y cuáles conmutativas: (a) $m * n = m - n$; (b) $m * n = m^2 + n^2$; (c) $m * n = 2(m + n)$; (d) $m * n = -m - n$

Sol:

(a) No es conmutativa ni asociativa.

(b) Es conmutativa y asociativa.

(c) Es conmutativa y no es asociativa.

(d) Es conmutativa y no es asociativa.

(3) Determine si el sistema descrito es o no un grupo. De no serlo, señale cual axioma de grupo no se cumple.

(a) $G = \mathbb{Z}$, $a \cdot b = a - b$.

Sol: No, no es asociativa.

(b) $G = \mathbb{Z}^+$, $a \cdot b = ab$.

Sol: No, no tiene inversos.

(c) $G = \{a_0, a_1, ..., a_6\}$, $a_i \cdot a_j = a_{i+j}$ si $i + j < 7$, $a_i \cdot a_j = a_{i+j-7}$ si $i + j \geq 7$.

Sol: Si.

(d) $G = \{\frac{a}{b} \in \mathbb{Q} \mid b \text{ impar}\}$, $a \cdot b = a + b$.

Sol: Si.

(e) $G = \mathbb{R} - \{0\}$, $a \cdot b = ab$.

Sol: Si.

(f) $G = \mathbb{C}$, $a \cdot b = a + b$.

Sol: Si.

(4) Sea p un número primo. Definimos los conjuntos

$$Q_p = \{\tfrac{a}{b} \in \mathbb{Q} \mid mcd(b,p) = 1\} \quad \wedge \quad Q^p = \{\tfrac{a}{b} \in \mathbb{Q} \mid b = p^i, i \geq 0\}.$$

Probar que Q_p y Q^p son grupos abelianos con la suma de $\mathbb{Q}$.

Sol:

(a) Sólo debemos verificar clausura.

Sean $x, y \in Q_p$ entonces $x = \frac{a}{b}$ e $y = \frac{c}{d}$ con $\text{mcd}(b,p) = 1$ y $\text{mcd}(d,p) = 1 \Rightarrow \exists\ n, m, u, v \in \mathbb{Z}$ tal que $bn + pm = 1$ y $du + pv = 1$. Ahora: $x + y = \frac{a}{b} + \frac{c}{d} = \frac{ad+bc}{bd}$, y como:

$$1 = (bn + pm)(du + pv) = bd(nu) + p(bnv + dmu + pmv),$$

$$\text{con } nu, bnv + dmu + pmv \in \mathbb{Z} \Rightarrow$$

$$\text{mcd}(bd, p) = 1 \Rightarrow x + y \in Q_p.$$

(b) Igual que en (a), sólo debemos verificar clausura.

Sean $x, y \in Q^p \Rightarrow x = \frac{a}{p^i}, y = \frac{c}{p^j} \Rightarrow x + y = \frac{ap^j + cp^i}{p^{i+j}} \in Q^p$.

(5) Sobre el conjunto $\{e, a, b\}$, defina una operación binaria tal que satisfaga los axiomas de elemento neutro, elementos inversos, pero que no sea asociativa.

Sol: Consideremos la tabla de multiplicar:

$*$	e	a	b
e	e	a	b
a	a	a	e
b	b	e	b

Entonces $*$ define una operación binaria (clausura), con neutro e, inverso de a es b, pero no es asociativa, ya que

$$(a * a) * b = a * b = e \ \wedge \ a * (a * b) = a * e = a.$$

(6) Sea $G = \{a + b\sqrt[3]{3} + c\sqrt[3]{9} \mid a, b, c \in \mathbb{Z}\}$. Determine si G con la mutiplicación usual es un grupo.

Sol:

(a) Clausura: $\forall\, x, y \in G$,

$$x = a + b\sqrt[3]{3} + c\sqrt[3]{9}, y = m + n\sqrt[3]{3} + r\sqrt[3]{9}, a, b, c, m, n, r \in \mathbb{Z} \Rightarrow$$

$$xy = (am + 3br + 3cn) + (an + bn + 3cr)\sqrt[3]{3} +$$

$$(ar + bn + cm)\sqrt[3]{9} \in G \text{ ya que}$$

$$am + 3br + 3cn, an + bn + 3cr, ar + bn + cm \in \mathbb{Z}.$$

(b) Neutro: El neutro es $1 = 1 + 0\sqrt[3]{3} + 0\sqrt[3]{9}$.

(c) Inversos: Si $x = a + b\sqrt[3]{3} + c\sqrt[3]{9}$, entonces su inverso $x^{-1} = m + n\sqrt[3]{3} + r\sqrt[3]{9}$ debe satisfacer $xx^{-1} = 1$, lo que produce el sistema lineal de tres ecuaciones en las tres incognitas m, n, r:

$am + 3br + 3cn = 1$, $an + bn + 3cr = 0$ y $ar + bn + cm = 0$

cuya solución da el elemento inverso buscado.

(d) La asociatividad y conmutatividad se hereda del grupo $(\mathbb{R}, \cdot)$

(7) Sea $G = \{z = \cos\theta + i\sin\theta \mid \theta \in \mathbb{Q}\} \subset \mathbb{C}$. Determine si G tiene estructura de grupo abeliano con la multiplicación usual de números complejos.

Sol: Para efectos de facilitar los cálculos, conviene usar la notación exponencial $z = \cos\theta + i\sin\theta = e^{i\theta}$.

(a) Clausura: Sea $z, w \in G$, entonces $z = e^{i\theta_1}, w = e^{i\theta_2}$ de donde $zw = e^{i(\theta_1+\theta_2)} \in G$.

(b) Neutro: El elemento neutro es $1 = e^{i0}$.

(c) Inversos: $\forall\ z = e^{i\theta} \in G, \exists\ z^{-1} = e^{i(-\theta)}$ tal que $zz^{-1} = z^{-1}z = 1$.

(d) Conmutatividad y asociatividad se heredan del grupo abeliano $(\mathbb{C}, \cdot)$.

(8) La siguiente tabla es la tabla de multiplicar de un grupo. Complete los espacios que faltan.

Sol: De la tabla de multiplicar, podemos ver que las únicas posibilidades de neutro son e, ya que $e * e = e$ y d, que no tiene definido $d * d$, pero si d fuera neutro, en el lugar (1,5) de la tabla debería aparecer un e, y así, la primera fila tendría una repetición del elemento e. Por consiguiente e es el neutro del grupo, y la tabla de multiplicar completa es la siguiente:

$*$	e	a	b	c	d
e	e				
a		b			e
b		c	d	e	
c		d		a	b
d					

;

$*$	e	a	b	c	d
e	e	a	b	c	d
a	a	b	c	d	e
b	b	c	d	e	a
c	c	d	e	a	b
d	d	e	a	b	c

(9) Sea G un grupo con la propiedad: $\forall a, b, c \in G, ab = ca \Rightarrow b = c$. Pruebe que G es abeliano.

Sol: $\forall\ a, b \in G : aba = aba \Rightarrow a(ba) = (ab)a \Rightarrow ba = ab \Rightarrow G$ abeliano.

(10) Sea G un grupo.

(a) Si $\circ(G) = 3$, pruebe que G es abeliano.

Sol: La única posible tabla de multiplicar es:

$*$	e	a	b
e	e	a	b
a	a	b	e
b	b	e	a

de donde vemos que es abeliano.

(b) ¿Qué puede decir si $\circ(G) = 4$?

Sol: Las posibles tablas de multiplicar son las siguientes:

$*$	e	a	b	c
e	e	a	b	c
a	a	e	c	b
b	b	c	e	a
c	c	b	a	e

;

$*$	e	a	b	c
e	e	a	b	c
a	a	c	e	b
b	b	e	c	a
c	c	b	a	e

;

$*$	e	a	b	c
e	e	a	b	c
a	a	b	c	e
b	b	c	e	a
c	c	e	a	b

;

$*$	e	a	b	c
e	e	a	b	c
a	a	e	c	b
b	b	c	a	e
c	c	b	e	a

.

En cualquier caso vemos que da abeliano. Observe además que las tablas segunda, tercera y cuarta aparentemente no tienen muchas diferencias, es decir, además del elemento neutro, tienen un elemento de orden dos y dos elementos de orden 4, por consiguiente si renombramos los elementos de manera adecuada, dan las mismas tablas.

(11) Sea $G = \mathbb{R} - \{0\}$ con la operación $a * b = |a|b$.

(a) Pruebe que $*$ da una operación binaria sobre G.

Sol: $\forall\ a, b \in G,\ a \neq 0\ \wedge\ b \neq 0\ \Rightarrow a * b = |a|b \neq 0\ \Rightarrow a * b \in G$ (clausura).

(b) Pruebe que existe un elemento neutro por la izquierda para $*$ y un inverso por la derecha para cada elemento de G.

Sol: $(e * a = a\ \Rightarrow\ |e|a = a\ \Rightarrow\ e = \pm 1)\ \wedge\ (a * e = a\ \Rightarrow$
$$|a|e = a\ \Rightarrow \begin{cases} e = 1 & \text{si}\quad a > 0 \\ e = -1 & \text{si}\quad a < 0 \end{cases}$$

(c) Con esta operación binaria, ¿es G un grupo?

Sol: G no un grupo, ya que el neutro es único.

(d) Explique la importancia de este ejercicio.

Sol: Este ejemplo muestra que no basta que en un conjunto G esté definida una operación binaria con elementos neutros para la operación para que sea grupo.

(12) Sea $G = \mathbb{R} - \{-1\}$. Definamos en G la operación $a * b = a + b + ab$.

(a) Pruebe que $*$ es una operación binaria en G.

Sol: Si $a * b = -1 \Rightarrow a + b + ab = -1 \Rightarrow (a+1)(b+1) = 0 \Rightarrow a = -1 \vee b = -1$. Como $a, b \in G, a \neq -1 \wedge b \neq -1 \Rightarrow a * b \neq -1 \Rightarrow a * b \in G$, operación binaria.

(b) Pruebe que G con esta operación es un grupo.

Sol: Neutro: $a * e = e * a = a \iff a + e + ae = a \Rightarrow e(1 + a) = 0 \Rightarrow e = 0$.

Inversos: $a * b = e = 0 \Rightarrow a + b + ab = 0 \Rightarrow b = a^{-1} = \frac{-a}{1+a}$.

Es fácil verificar que $a * (b * c) = (a * b) * c$.

(c) Encuentre la solución de la ecuación $2 * x * 3 = 7$ en G.

Sol: $2 * x * 3 = 7 \Rightarrow x = -1/3$

(13) Si G es un grupo abeliano, entonces, $\forall a, b \in G$, $\forall n \in \mathbb{Z}$, $(a \cdot b)^n = a^n \cdot b^n$.

Sol: $\forall a, b \in G$, $\forall n \in \mathbb{Z}$, $(a \cdot b)^n = b^n \cdot a^n = (bb \cdots b)(aa \cdots a) = bb \cdots b(ba)aa \cdots a = bb \cdots b(ab)aa \cdots a = \cdots = (aa \cdots a)(bb \cdots b) = a^n b^n$.

Más elegante es probarlo por medio de inducción matemática (hágalo).

(14) Sea G un grupo tal que $\forall\ a, b \in G, (a \cdot b)^2 = a^2 \cdot b^2$. Pruebe que G es abeliano.

Este problema es equivalente al siguiente: Sea G un grupo tal que $\forall\ g \in G,\ g^2 \in G$, entonces G es abeliano.

Sol: $\forall a, b \in G$, $(a \cdot b)^2 = a^2 \cdot b^2 \Rightarrow abab = aabb\ / \cdot b^{-1}$ (derecha) $\Rightarrow aba = aab\ / \cdot a^{-1}$ (izquierda) $\Rightarrow ba = ab \Rightarrow G$ abeliano.

(15) Sea G un grupo, determine cuales de las siguientes afirmaciones son verdaderas o falsas:

(a) $a = a^{-1} \iff a^2 = e$

(b) $a^m = a^n \ \Rightarrow\ m = n$

(c) $(ab)^{-1} = a^{-1}b^{-1} \ \Rightarrow\ ab = ba$

(d) G abeliano $\iff \forall a, b \in G$, $(a \cdot b)^2 = a^2 \cdot b^2$.

Sol:

(a) Verdadero.

(b) Falso: $a^{\circ(a)} = a^{k \circ(a)} \ \wedge\ \circ(a) \neq k \circ (a)$ si $k \neq 1$.

(c) Verdadero: $(ab)^{-1} = a^{-1}b^{-1}\ /\ ab \ \Rightarrow\ e = a^{-1}b^{-1}ab\ /\ a\ (izq.)$

$$\Rightarrow\ a = b^{-1}ab\ /\ b\ (izq.)\ \Rightarrow\ ba = ab$$

(d) Verdadero.

(16) Considere el $G = \{1, -1, x, -x, x^2, -x^2\}$ donde $x^3 = 1$, $x \neq 1$. Compruebe si G es un grupo para el producto y, en caso afirmativo, determinar si es cíclico.

Sol: Es fácil verificar que la tabla de multiplicar es:

$*$	1	-1	x	$-x^2$	x^3	$-x^3$
1	1	-1	x	$-x^2$	x^3	$-x^3$
-1	-1	1	$-x$	x	$-x^2$	x^2
x	x	$-x$	x^2	$-x^2$	1	-1
$-x$	$-x$	x	$-x^2$	x^2	-1	1
x^2	x^2	$-x^2$	1	-1	x	$-x$
$-x^2$	$-x^2$	x	-1	1	$-x$	x

Como es un sistema cerrado, la operación resulta ser binaria. El neutro es el 1 y cada elemento tiene su inverso. Además es un grupo abeliano. Note que:

$$(-x)^1 = -x,\ (-x)^2 = x^2,\ (-x)^3 = -1,\ (-x)^4 = x,\ (-x)^5 = x^2 \text{ y } (-x)^6 = 1,$$

por lo tanto G es cíclico generado por $-x$ de orden 6.

(17) Sea G un grupo con 8 elementos. Sean $x, y \in G$ tales que $\circ(x) = 4$, $\circ(y) = 2$ y $xy = yx^3$. Determine todos los elementos de G y construya la tabla de multiplicación.

Sol: Como $\circ(x) = 4$, los elementos x, x^2 y x^3 pertenecen a G. Además notemos que $y \neq x^2$, caso contrario, de la relación $xy = yx^3$ obtendríamos:

$$xy = yx^3 = yx^2x = yyx = ex = x \Rightarrow y = e\ (\Rightarrow\Leftarrow).$$

Luego y también pertenece a G y los 8 elementos de G son:

$$G = \{e, x, x^2, x^2, y, xy, x^2y, x^3y\}.$$

Ahora veamos su tabla de multiplicar (se debe usar la relación $xy = yx^3$ para dejar todos los elementos de la forma que se presentan en G:

$*$	e	x	x^2	x^3	y	xy	x^2y	x^3y
e	e	x	x^2	x^3	y	xy	x^2y	x^3y
x	x	x^2	x^3	e	xy	x^2y	x^3y	y
x^2	x^2	x^3	e	x	x^2y	x^3y	y	xy
x^3	x^3	e	x	x^2	x^3y	y	xy	x^2y
y	y	x^3y	x^2y	xy	e	x^3	x^2	x
xy	xy	y	x^3y	x^2y	x	e	x^3	x^2
x^2y	x^2y	xy	y	x^3y	x^2	x	e	x^3
x^3y	x^3y	x^2y	xy	y	x^3	x^2	x	e

(18) Encuentre en S_3 dos elementos x, y tales que $(x \cdot y)^2 \neq x^2 \cdot y^2$.

Sol: Sean $x = \rho_1$ e $y = \mu_3$, entonces

$(\rho_1\mu_3)^2 = \rho_0$ y $\rho_1^2\mu_3^2 = \rho_1^2\rho_0 = \rho_1^2 \Rightarrow (\rho_1\mu_3)^2 \neq \rho_1^2\mu_3^2$.

(19) Si G es un grupo finito, pruebe que $\exists N \in \mathbb{N}$, tal que $a^N = e$, $\forall a \in G$.

Sol: Sea $G = \{e, x_2, ..., x_m\}$, entonces $\forall i = 2, ..., m, \exists n_i \in \mathbb{N}$ tal que $x_i^{n_i} = e$. Sea $N = \text{mcm}\{n_i \mid i = 2, ..., m\}$, entonces para $i = 2, ..., m$, $N = n_ik_i$ para algún $k_i \in \mathbb{N}$, y

$x_i^N = x_i^{n_ik_i} = (x_i^{n_i})^{k_i} = e^{k_i} = e$.

(20) Pruebe que si todo elemento de un grupo G es su propio inverso, entonces G es abeliano.

Sol: Tenemos:

$\forall a \in G, a^2 = e \Rightarrow abab = (ab)^2 = e \;/ \cdot b^{-1} = b$ (derecha) $\Rightarrow$ $aba = b \;/a^{-1} = a$ (izquierda) $\Rightarrow ba = ab \Rightarrow G$ abeliano.

(21) (a) Dar un ejemplo de un grupo G infinito en el cual existe exactamente un elemento de orden 2.

Sol: Consideremos el grupo aditivo $G = \mathbb{Z} \times \mathbb{Z}_2$, entonces $x = (0, \bar{1})$ es el único elemento de orden 2 de G, ya que si $n \neq 0$, entonces $y = (n, \bar{1})$ tiene orden infinito.

(b) Dar un ejemplo de un grupo G infinito en el cual todo elemento tiene orden 2, excepto el neutro.

Sol: Sea $(G, *)$ el grupo cuyos elementos son sucesiones con entradas 1 y -1, es decir:

$G = \{x = (x_n)_{n=1}^{\infty} \mid x_n = \pm 1, \forall\, n \in \mathbb{N}\}$ y $x * y = (x_n y_n)_{n=1}^{\infty}$.

Entonces G es infinito, $*$ es una operación binaria en G, la sucesión $e = (1, 1, 1, ...)$ es el neutro, y $\forall\ x \in G$: $x * x = ((\pm 1)^2)_{n=1}^{\infty} = e$, es decir, todos los elementos tienen orden 2.

(22) En un grupo G se satisface la propiedad $(a \cdot b)^{-1} = b^{-1} \cdot a^{-1}$. Determine la expresión análoga para $(a \cdot b^{-1} \cdot c)^{-1}$.

Sol: Usando la propiedad $(a \cdot b)^{-1} = b^{-1} \cdot a^{-1}$, obtenemos:

$$(ab^{-1}c)^{-1} = [(ab^{-1})c]^{-1} = c^{-1}(ab^{-1})^{-1} =$$
$$c^{-1}(b^{-1})^{-1}a^{-1} = c^{-1}ba^{-1}.$$

En efecto:

$$(ab^{-1}c)(c^{-1}ba^{-1}) = ab^{-1}(cc^{-1})ba^{-1} = a(b^{-1}b)a^{-1} = aa^{-1} = e \Rightarrow$$
$$(ab^{-1}c)^{-1} = c^{-1}ba^{-1}.$$

(23) Si $*$ es una operación binaria en un conjunto G, un elemento $a \in G$ se llama *idempotente para* $*$ si $a * a = a$. Pruebe que un grupo tiene exactamente un elemento idempotente.

Sol: Sea $(G, *)$ un grupo y $a \in G$ tal que $a * a = a$. Entonces:

$a * a = a \;/ * (a^{-1}) \Rightarrow a * (a * a^{-1}) = a * a^{-1} \Rightarrow a * e = e \Rightarrow a = e.$

Luego en un grupo, el único elemento idempotente es el neutro e.

(24) Si G es un grupo de orden par, pruebe que el número de sus elementos de orden 2 es impar.

Sol: Particionemos G en los subconjuntos $G_p = \{x \in G \mid x^2 \neq e\}$ y

$G_p^c = G \setminus G_p$. Si $x \in G_p \Rightarrow x \neq x^{-1}$ y $\circ(x^{-1}) \neq 2$. Por lo tanto, los elementos de G_p van emparejados, cada x con su inverso x^{-1} y por consiguiente un número par de ellos. También G_p^c tiene un número par de elementos de los cuales solamente $x = e$ no es de orden 2, y por lo tanto, G contiene un número impar de elementos de orden 2.

(25) Sea G un grupo de orden impar, pruebe que $\forall\ x \in G$, $\exists\ y \in G$ tal que $y^2 = x$.

Sol: Sea $\circ(G) = 2n+1, n \in \mathbb{N}$. Entonces $\forall\ x \in G$, $x^{2n+1} = e \Rightarrow x^{2n+2} = x$. Luego basta tomar $y = x^{n+1}$.

(26) Determine si el grupo $(\mathbb{Q}, +)$ es finitamente generado.

Sol: Supongamos que $(\mathbb{Q}, +)$ es finitamente generado, entonces $\exists\ q_i = \frac{m_i}{n_i} \in \mathbb{Q}$, $m_i \in \mathbb{Z}, n_i \in \mathbb{N}$, $i = 1, ..., k$ tal que $\mathbb{Q} =< q_1, ..., q_k >$. Luego $\forall\ q \in \mathbb{Q}$, $\exists\ a_1, ..., a_k \in \mathbb{Z}$ tal que $q = \sum_{i=1}^k a_i q_i = \sum_{i=1}^k a_i \frac{m_i}{n_i} = \frac{A}{n_1 \cdots n_k}$ con $A \in \mathbb{Z}$. En particular si tomamos $q = \frac{1}{2n_1 \cdots n_k} \in \mathbb{Q}$, entonces de las igualdades obtenidas tendríamos que $2A = 1$, lo que es una contradicción. Por lo tanto, $(\mathbb{Q}, +)$ no es finitamente generado.

8.3. Sección Subgrupos.

(1) Considere el grupo $G = \mathbb{C}$ con la adición. Determine cuál de los siguientes subconjuntos es un subgrupo de $\mathbb{C}$:

(a) $\mathbb{R}$. **Sol:** Si. (b) $\mathbb{Q}^+$. **Sol:** No, no hay neutro e inversos.

(c) $7\mathbb{Z}$. **Sol:** Si. (d) $i\mathbb{R} = \{ix \mid x \in \mathbb{R}\}$. **Sol:** Si.

(e) $\pi\mathbb{Q}$. **Sol:** Si. (f) $\{\pi^n \mid n \in \mathbb{Z}\}$. **Sol:** No, no cumple clausura.

(2) Dada la siguiente lista de grupos, determine cuales son subgrupos unos de otros.

Sol: $G_1 = (\mathbb{Z}, +)$, $G_2 = (12\mathbb{Z}, +)$, $G_3 = (\mathbb{Q}^+, \cdot)$, $G_4 = (\mathbb{R}, +)$, $G_5 = (\mathbb{R}^+, \cdot)$, $G_6 = (\{\pi^n \mid n \in \mathbb{Z}\}, \cdot)$, $G_7 = (3\mathbb{Z}, +)$, $G_8 = (6\mathbb{Z}, +)$, $G_9 = (\{6^n \mid n \in \mathbb{Z}\}, \cdot)$.

Tenemos las siguientes cadenas de subgrupos:

$$G_2 \leq G_8 \leq G_7 \leq G_1 \leq G_4; \quad G_9 \leq G_3 \leq G_5; \quad G_6 \leq G_5.$$

(3) Escriba 5 elementos de cada uno de los siguientes grupos cíclicos.

(a) $25\mathbb{Z}$ bajo la suma.

Sol: $25\mathbb{Z} = \{0, 25, -25, 50, -50, ...\}$.

(b) $\{(\frac{1}{2})^n \mid n \in \mathbb{Z}\}$ bajo la multiplicación.

Sol: $\{(\frac{1}{2})^n \mid n \in \mathbb{Z}\} = \{1, \frac{1}{2}, 2, \frac{1}{4}, 4, ...\}$.

(c) $\{\pi^n \mid n \in \mathbb{Z}\}$ bajo la multiplicación.

Sol: $\{\pi^n \mid n \in \mathbb{Z}\} = \{1, \pi, \frac{1}{\pi}, \pi^2, \frac{1}{\pi^2}, ...\}$.

(4) ¿Cuáles de los siguientes grupos son cíclicos? Para cada grupo cíclico, obtenga todos los generadores del grupo.

(a) $G_1 = \mathbb{Z}$ bajo la suma.

Sol: Si: $\mathbb{Z} =< 1 >= \{n \cdot 1 \mid n \in \mathbb{Z}\}$ y

$\mathbb{Z} =< -1 >= \{n \cdot (-1) \mid n \in \mathbb{Z}\}$.

(b) $G_2 = \mathbb{Q}$ bajo la suma. **Sol:** No.

(c) $G_3 = \mathbb{Q}^+$ bajo la multiplicación. **Sol:** No.

(d) $G_4 = 6\mathbb{Z}$ bajo la suma. **Sol:** Si: $6\mathbb{Z} =< 6 >=< -6 >$.

(e) $G_5 = \{6^n \mid n \in \mathbb{Z}\}$ bajo la multiplicación.

Sol: Si: $G_5 =< 6 >=< 1/6 >$.

(f) $G_6 = \{a + b\sqrt{2} \mid a, b \in \mathbb{Z}\}$ bajo la multiplicación. **Sol:** No.

(5) Pruebe que todo grupo de orden 5 es abeliano.

Sol: Si $\circ(G) = 5$, entonces $\forall\, x \in G$, $\circ(x) \mid \circ(G) = 5 \Rightarrow \circ(x) = 1$ o $\circ(x) = 5 \Rightarrow x = e$ o $< x >= G$. Si $x \neq e$, entonces G es cíclico y por lo tanto abeliano.

(6) Considere el grupo $G = \mathbb{Z}_6$.

(a) Complete la tabla del grupo cíclico $\mathbb{Z}_6$:

Sol:

+	0	1	2	3	4	5
0	0	1	2	3	4	5
1	1	2	3	4	5	0
2	2	3	4	5	0	1
3	3	4	5	0	1	2
4	4	5	0	1	2	3
5	5	0	1	2	3	4

(b) Obtenga los subgrupos $< 1 >$, $< 2 >$, $< 3 >$, $< 4 >$ y $< 5 >$ de $\mathbb{Z}_6$.

Sol: $< 1 >= \mathbb{Z}_6$, $< 2 >= \{0, 2, 4\}$, $< 3 >= \{0, 3\}$, $< 4 >=< 2 >$, $< 5 >= \mathbb{Z}_6$.

(c) ¿Qué elementos son generadores para el grupo $\mathbb{Z}_6$ de la parte (a)?

Sol: El 1 y el 5, que son relativamente primos con 6.

(7) Haga un diagrama de inclusión para todos los subgrupos de S_3 y $\mathbb{Z}_{18}$.

Sol: Como $\circ(S_3) = 6$, sólo podemos tener subgrupos de orden 1, 2, 3 y 6, que corresponden a los subgrupos: $G_1 = \{\rho_0\}$, $G_2 = \{\rho_0, \mu_1\}$, $G_3 = \{\rho_0, \mu_2\}$, $G_4 = \{\rho_0, \mu_3\}$, $G_5 = \{\rho_0, \rho_2, \rho_3\}$ y $G_6 = S_3$. Los diagramas de inclusión son:

$$G_1 \leq G_2 \leq G_6, \quad G_1 \leq G_3 \leq G_6, \quad G_1 \leq G_4 \leq G_6,$$
$$G_1 \leq G_5 \leq G_6.$$

Para el grupo $\mathbb{Z}_{18}$, como $\circ(\mathbb{Z}_{18}) = 18$, los posibles subgrupos son de órdenes 1, 2, 3, 6, 9 y 18 que corresponden a: $G_1 = \{0\}$, $G_2 = \{0, 9\}$, $G_3 = \{0, 6, 12\}$, $G_4 = \{0, 3, 6, 9, 12, 15\}$, $G_5 = \{0, 2, 4, 6, 8, 10, 12, 14, 16\}$ y $G_6 = \mathbb{Z}_{18}$.

Los diagramas de inclusión son:

$$G_1 \leq G_2 \leq G_4 \leq G_6, \quad G_1 \leq G_3 \leq G_4 \leq G_6, \quad G_1 \leq G_3 \leq G_5 \leq G_6.$$

(8) Sea $\mathbb{C}^* = \mathbb{C} - \{0\}$. Considere el grupo multiplicativo $(\mathbb{C}^*, \cdot)$ y $w = \frac{1+\sqrt{3}i}{2} \in \mathbb{C}^*$.

(a) Determine $\circ(w)$

Sol: Note primero que $w = \frac{1+\sqrt{3}i}{2}$ es una raíz sexta de la unidad, es decir:

$$w = \frac{1+\sqrt{3}i}{2} = \cos(\pi/3) + i\sin(\pi/3) = e^{i(\pi/3)}$$

Luego:

$$w = e^{i(\pi/3)}, \ w^2 = e^{i(2\pi/3)}, \ w^3 = e^{i(3\pi/3)} = e^{i(\pi)},$$
$$w^4 = e^{i(4\pi/3)}, \ w^5 = e^{i(5\pi/3)}, \ w^6 = e^{i(6\pi/3)} = e^{i(2\pi)} = 1$$
$$(\text{ neutro de } \mathbb{C}^*).$$

Por lo tanto $\circ(w) = 6$.

(b) Encuentre el subgrupo $< w >$

Sol: Por item anterior tenemos:

$$< w >= \{1, e^{i(\pi/3)}, e^{i(2\pi/3)}, e^{i(\pi)}, e^{i(4\pi/3)}, e^{i(5\pi/3)}\}.$$

(c) Determine todos los subgrupos de $< w >$

Sol: Los subgrupos de $< w >$ son:

$$H_1 = \{1\}, \quad H_2 =< w^2 >= \{1, w^2, w^4\},$$
$$H_3 =< w^3 >= \{1, w^3\}, \quad H =< w >=< w^5 > .$$

(d) Determine todos los generadores de $< w >$

Sol: Por item anterior, además de w, también w^5 es generador.

(9) Si H y K son subgrupos de G, entonces $H \cap K$ es subgrupo de G.

Sol: Como $H, K \leq G$, tenemos:

(a) $a, b \in H \cap K \Rightarrow a, b \in H \wedge a, b \in K \Rightarrow ab \in H \wedge ab \in K \Rightarrow ab \in H \cap K$.

(b) $a \in H \cap K \Rightarrow a \in H \wedge a \in K \Rightarrow \exists a^{-1} \in H \wedge \exists a^{-1} \in K \Rightarrow \exists a^{-1} \in H \cap K$.

De (a) y (b), $H \cap K \leq G$.

(10) Encontrar un grupo G y subgrupos $H \leq G$ y $N \leq G$ tales que $H \cup N$ no es subgrupo de G.

Sol: Sea $G = \mathbb{Z}$ aditivo y consideremos los subgrupos:

$$3\mathbb{Z} = \{0, \pm3, \pm6, \pm9, \pm12, ...\} \quad \text{y}$$
$$5\mathbb{Z} = \{0, \pm5, \pm10, \pm18, \pm15, ...\}.$$

Entonces:

$$3\mathbb{Z} \cup 5\mathbb{Z} = \{0, \pm3, \pm5, \pm6, \pm9, \pm10, ...\}.$$

Podemos ver $3, 5 \in 3\mathbb{Z} \cup 5\mathbb{Z}$, sin embargo $3 + 5 = 8 \notin 3\mathbb{Z} \cup 5\mathbb{Z}$, luego no se satisface la clausura.

(11) Para $H \leq G$ y $a \in G$, defína clase lateral izquierda de H en G como el conjunto $aH = \{ah \mid h \in H\}$. Pruebe que hay una correspondencia biyectiva entre el conjunto de clases laterales izquierdas de H en G y el conjunto de clases laterales derechas de H en G.

Sol: Sea $\mathcal{IH} = \{aH \mid a \in G\}$ el conjunto de clases laterales izquierdas de H en G y $\mathcal{HD} = \{Ha \mid a \in G\}$ el conjunto de clases laterales derechas de H en G. Sabemos que:

$$(aH = bH \Longleftrightarrow a^{-1}b \in H) \wedge (Ha = Hb \Longleftrightarrow ab^{-1} \in H).$$

Definamos $\phi : \mathcal{IH} \longrightarrow \mathcal{HD}$ por $\phi(aH) = Ha^{-1}$. Entonces:

(a) $\forall Ha \in \mathcal{HD}, \exists a^{-1}H \in \mathcal{IH}$ tal que

$\phi(a^{-1}H) = H(a^{-1})^{-1} = Ha \Rightarrow \phi$ sobreyectiva.

(b) $\phi(aH) = \phi(bH) \Rightarrow Ha^{-1} = Hb^{-1} \Rightarrow b^{-1}a \in H, H$ grupo $\Rightarrow$ $\exists (b^{-1}a)^{-1} = a^{-1}b \in H \Rightarrow aH = bH \Rightarrow \phi$ inyectiva.

De (a) y (b), ϕ biyectiva.

(12) (a) Pruebe que los elementos de orden finito en un grupo abeliano A forman un subgrupo de A.

Sol: Sea A grupo abeliano de orden finito y sea $B = \{a \in A \mid \circ(a) \text{ finito}\}$, probemos que B es un subgrupos de A.

(i) Clausura: $\forall a, b \in B, \circ(a) = n, \circ(b) = m$ y

$$(a * b)^{nm} = a^{nm} * b^{nm} = (a^n)^m * (b^m)^n =$$
$$e^m * e^n = e \Rightarrow a * b \in B$$

(Note que se usó la hipótesis de que A es abeliano).

(ii) Como $e^1 = e$ es de orden finito, $e \in B$.

(iii) Si $\circ(a) = n$, entonces $\circ(a^{-1}) = n$ ya que

$$(a^{-1})^n = (a^n)^{-1} = e^{-1} = e \Rightarrow a^{-1} \in B$$

Luego $B \leq A$.

(b) Pruebe que la aseveración de (a) para grupos no abelianos es falsa.

Sol: Basta tomar un grupo A de orden finito no abeliano, entonces todos sus elementos son de orden finito y el conjunto de elementos de orden finito coincide con A, que no es abeliano.

(13) Demuestre que si G no tiene subgrupos distinto de los triviales, entonces debe ser cíclico orden primo.

Sol: $\forall a \in G, a \neq e$, sea $< a > \leq G$ el subgrupo cíclico generado por a. Como $< a > \neq \{e\} \Rightarrow < a > = G \Rightarrow G$ cíclico, y cualquier elemento de $a \in G, a \neq e$ es un generador. Si $\circ(G) = m$ no primo, sea n divisor de m, es decir, $m = nk$. Entonces el subgrupo

$< a^n > \leq G$ es tal que $\circ(< a^n >) = k$, y por lo tanto un subgrupo no trivial de G. Luego $\circ(G) = p$ primo.

(14) Sea $G = \mathbb{Z}$ con la adición y $H_n = n\mathbb{Z}$ el subgrupo de los múltiplos de n. Determine $i_G(H_n)$ y escriba todas las clases laterales de H_n en G.

Sol: Las clases laterales de $\mathbb{Z}_n$ en $\mathbb{Z}$ son:

$\mathbb{Z}_n,\ 1 + \mathbb{Z}_n,\ 2 + \mathbb{Z}_n,\ \cdots,\ (n-1) + \mathbb{Z}_n$. Hay en total n clases laterales distintas y por lo tanto $i_G(H_n) = n$

(15) En el problema anterior, ¿qué es $H_n \cap H_m$?

Sol: Si $d =$mcm(n, m), entonces $H_n \cap H_m = H_d$. En efecto:

(a) $(\supset)$ $x \in H_d \Rightarrow x = rd, r \in \mathbb{N}$. Ahora

$d =$mcm$(n, m) \Rightarrow n|d \wedge m|d \Rightarrow d = an \wedge d = bm, a, b \in \mathbb{N}$.

Por lo tanto:

$$x = rd = \begin{cases} (ra)n & \in & H_n \\ & \wedge & \\ (rb)m & \in & H_m \end{cases} \Rightarrow x \in H_n \cap H_m.$$

(b) $(\subset)$ $x \in H_n \cap H_m \Rightarrow x = \alpha n \wedge x = \beta m, \alpha, \beta \in \mathbb{N} \Rightarrow$ x múltiplo de n y $m \Rightarrow x$ múltiplo de $d =$mcm$(n, m) \Rightarrow$ $x = cd, c \in \mathbb{N} \Rightarrow x \in H_d$.

(16) Para $a, b \in \mathbb{R}$, se define la aplicación $\tau_{ab} : \mathbb{R} \longrightarrow \mathbb{R}$, $x \longrightarrow \tau_{ab}(x) = ax + b$. Sea $G = \{\tau_{ab} \mid a \neq 0\}$. Pruebe que G es un grupo bajo la composición de aplicaciones. Encuentre una fórmula para $\tau_{ab}\tau_{cd}$.

Sol:

(a) $\alpha, \beta \in G \Rightarrow \alpha = \tau_{ab}, \beta = \tau_{cd}, a \neq 0, c \neq 0, a, b, c, d \in \mathbb{R}$.

Ahora: $\tau_{ab} \circ \tau_{cd} = \tau_{ac,ad+b} \in G \Rightarrow$ clausura.

(b) Neutro: $e = \tau_{1,0}$.

(c) Inverso de τ_{ab} es $\tau_{a^{-1},-a^{-1}b}$.

(d) La asociatividad se verifica de manera fácil

(17) En el problema anterior, sea $H = \{\tau_{ab} \mid a \in \mathbb{Q}\}$. Pruebe que $H \leq G$. Haga una lista de todas las clases laterales derechas de H en G.

Sol: Probemos que $H = \{\tau_{ab} \mid a \in \mathbb{Q}\} \leq G$.

(i) $\tau_{ab}, \tau_{cd} \in H \Rightarrow a, c \in \mathbb{Q} \ \wedge \ \tau_{ab}\tau_{cd} = \tau_{ac,ad+b}$ con $ac \in \mathbb{Q} \Rightarrow \tau_{ab}\tau_{cd} \in H$.

(ii) $\tau_{ab} \in H \Rightarrow a \in \mathbb{Q} \ \wedge \ a \neq 0 \Rightarrow \tau_{ab}^{-1} = \tau_{a^{-1},-a^{-1}b}$ con $a^{-1} \in \mathbb{Q} \Rightarrow \tau_{ab}^{-1} \in H$.

De (i) y (ii), $H \leq G$.

Si $\tau_{ab} \in G, a \in \mathbb{Q} \Rightarrow H\tau_{ab} = H$.

Si $\tau_{ab} \in G, a \in \mathbb{R} - \mathbb{Q} \Rightarrow H\tau_{ab} = \{\tau_{cd} \in G \mid c \in \mathbb{R} - \mathbb{Q}\}$. Luego hay dos clases laterales derechas.

(18) (a) En el ejecicio anterior, pruebe que toda clase lateral izquierda de H en G es una clase lateral derecha de H en G.

Sol: Del problema anterior, sólo hay dos clases laterales derechas y dos clases laterales izquierdas. Sea $\tau_{ab} \in G$ con $a \in \mathbb{Q}$, entonces:

$$\tau_{ab}H = \{\tau_{ab}\tau_{\alpha\beta} \mid \tau_{\alpha\beta} \in H\} = \{\tau_{a\alpha,a\beta+b} \mid a\alpha \in \mathbb{Q}\} = H \quad \wedge$$
$$H\tau_{ab} = \{\tau_{\alpha\beta}\tau_{ab} \mid \tau_{\alpha\beta} \in H\} = \{\tau_{\alpha a,\alpha b+\beta} \mid \alpha a \in \mathbb{Q}\} = H$$
$$\Rightarrow \quad \tau_{ab}H = H\tau_{ab}.$$

Ahora si $\tau_{ab} \in G$ con $a \in \mathbb{R} - \mathbb{Q}$, entonces:

$$\tau_{ab}H = \{\tau_{ab}\tau_{\alpha\beta} \mid \tau_{\alpha\beta} \in H\} =$$
$$\{\tau_{a\alpha,a\beta+b} \mid a\alpha \in \mathbb{R} - \mathbb{Q}\} \neq H \quad \wedge$$
$$H\tau_{ab} = \{\tau_{\alpha\beta}\tau_{ab} \mid \tau_{\alpha\beta} \in H\} = \{\tau_{\alpha a,\alpha b+\beta} \mid \alpha a \in \mathbb{R} - \mathbb{Q}\} \neq H$$
$$\Rightarrow \quad \tau_{ab}H = H\tau_{ab} \text{ ya que sólo hay dos clases laterales.}$$

(b) De un ejemplo de un grupo G y un subgrupo H donde no toda clase lateral izquierda es una clase lateral derecha. (Sugerencia: examine el grupo S_3).

Sol: Consideremos el grupo simétrico S_3 y el subgrupo $H = \{\rho_0, \mu_3\}$, entonces como $i_{S_3}(H) = 3$, hay tres clases laterales derechas de H en S_3 y tres clases laterales izquierdas de H en S_3, dadas en la siguiente lista:

(i) Clases laterales derechas:

$$H = H\rho_0 = H\mu_3 = \{\rho_0, \mu_3\};\ H\rho_1 = H\mu_1 = \{\rho_1, \mu_1\};$$
$$H\rho_2 = H\mu_2 = \{\rho_2, \mu_2\}.$$

(ii) Clases laterales izquierdas:

$$H = \rho_0 H = \mu_3 H = \{\rho_0, \mu_3\};\ \rho_1 H = \mu_2 H = \{\rho_1, \mu_2\};$$
$$\rho_2 H = \mu_1 H = \{\rho_2, \mu_1\}.$$

Podemos observar que $H\psi$ no es una clase lateral izquierda.

(19) En el grupo del ejercicio (11), sea $N = \{\tau_{1b} \in G\}$. Pruebe que

(a) $N \leq G$.

Sol:

(i) $\forall \tau_{1b}, \tau_{1c} \in N$, $\tau_{1b}\tau_{1c} = \tau_{1,c+b} \in N$ (clausura).

(ii) $\forall \tau_{1b} \in N$, $\tau_{1b}^{-1} = \tau_{1,-b} \in N$ (existencia de inversos).

De (i) y (ii), $N \leq G$.

(b) Si $a \in G$ y $n \in N$, entonces $ana^{-1} \in N$.

Sol: Sea $\tau_{ab} \in G$ y $\tau_{1c} \in N$, entonces

$$\tau_{ab}\tau_{1c}\tau_{ab}^{-1} = \tau_{a,ac+b}\tau_{a^{-1},-a^{-1}b} = \tau_{aa^{-1},-aa^{-1}b+ac+b} = \tau_{1,ac} \in N.$$

(20) Si $a \in G$, definamos $N(a) = \{x \in G \mid xa = ax\}$. Pruebe que $N(a) \leq G$ ($N(a)$ se llama el normalizador o centralizador de a en G.

Sol:

(a) $\forall x, y \in N(a) \Rightarrow xa = ax \ \wedge \ ya = ay \Rightarrow$

$$(xy)a = x(ya) = x(ay) = (xa)y = (ax)y = a(xy) \Rightarrow$$
$$xy \in N(a).$$

(b) $x \in N(a) \Rightarrow xa = ax \ /x^{-1}$ derecha $\Rightarrow$

$$xax^{-1} = a(xx^{-1}) = a \;/x^{-1} \text{ izquierda} \Rightarrow$$
$$(x^{-1}x)ax^{-1} = x^{-1}a \Rightarrow ax^{-1} = x^{-1}a \Rightarrow x^{-1} \in N(a).$$

De (a) y (b), $N(a) \leq G$.

(21) Pruebe que todo subgrupo de un grupo cíclico es cíclico.

Sol: Sea $G =< a >$ y $H \leq G$. Si $H = G$ no hay nada que hacer, así que supongamos que $H \neq G$ y sea $m \in \mathbb{N}$ el menor entero tal que $a^m \in H$. Probaremos que $H =< a^m >$. Sea $x \in H \Rightarrow x \in G \Rightarrow \exists n \in \mathbb{Z}$ tal que $x = a^n$. Ahora $n = mq + r, 0 \leq r < m \Rightarrow a^n = a^{mq+r} = (a^m)^q a^r \Rightarrow$

$a^r = ((a^m)^q)^{-1}a^n \in H \Rightarrow r = 0 \Rightarrow x = a^n = (a^m)^q \in< a^m >$.

(22) Si G es un grupo de orden 9, pruebe que debe ser abeliano.

Sol: $\forall\, x \in G, \circ(x) | \circ(G) = 9 \;\Rightarrow\; \circ(x) = 1, 3, 9$. Si $\circ(x) = 1 \;\Rightarrow\; x = e$, si $\circ(x) = 9 \;\Rightarrow < x >= G \;\Rightarrow\; G$ cíclico $\Rightarrow\; G$ abeliano, y si $\circ(x) = 3$, entonces $e, x, x^2 \in G$, y debe existir otro elemento de orden 3, digamos y, por lo tanto, $e, x, x^2, y, y^2 \in G$, y además de todos sus productos, es decir,

$xy, yx, xy^2, y^2x, x^2y, yx^2, x^2y^2, y^2x^2 \in G$ lo que nos da un total de 13 elementos, es decir, hay 4 repeticiones, y es fácil chequear que necesariamente, $xy = yx, xy^2 = y^2x, x^2y = yx^2, x^2y^2 = y^2x^2$, y por lo tanto G es abeliano.

(23) Si $\circ(G) = 2n + 1$, pruebe que no existe un elemento $a \neq e$ tal que $a^2 = e$.

Sol: Sea $\circ(G) = 2n + 1$ y supongamos que existe $a_1 \in G, a_1 \neq e$ tal que $a_1^2 = e$. Sea $H = \{e, a_1\}$. Ahora sea $a_2 \in G - H$ y consideremos $Ha_2 = \{a_2, a_1a_2\}$, entonces $Ha_2 \subset G$, $H \cap Ha_2 = \emptyset$ y $\#(H \cup Ha_2) = 4$.

Sea $a_3 \in G - (H \cup Ha_2)$ y consideremos $Ha_3 = \{a_3, a_1a_3\}$, entonces $Ha_3 \subset G$, $Ha_3 \cap (H \cup Ha_2) = \emptyset$ y $\#(H \cup Ha_2 \cup Ha_3) = 6$.

Siguiendo con este proceso, obtendremos $a_1, a_2, ..., a_n \in G$ tales que $Ha_n \subset G$,

$Ha_n \cap (H \cup Ha_2 \cup \cdots \cup Ha_n) = \emptyset$ y $\#(H \cup Ha_2 \cup \cdots \cup Ha_n) = 2n$.

Ahora sólo queda un elemento

$a_{2n+1} \in G - (H \cup Ha_1 \cup \cdots \cup Ha_n)$, y al considerar Ha_{2n+1} obtendremos que $Ha_{2n+1} \subset G$ con las propiedades anteriores, lo que es una contradicción ya que produciría 2n+2 elementos de G, pero G tiene 2n+1 elementos. Luego no existe $a \in G$, $a \neq e$ tal que $a^2 = e$.

Otra demostración: Como G es un grupo finito, $\circ(a) | \circ(G)$. Si $\circ(a) = 2 \Rightarrow 2 | \circ(G) = 2n + 1 (\Rightarrow\Leftarrow)$

(24) Sea G un grupo y $H, K \leq G$ tal que $\circ(H) = 38$ y $\circ(K) = 55$. Pruebe que $H \cap K = \{e\}$.

Sol: Sea $x \in H \cap K$, entonces

$$(x \in H \ \wedge \ x \in K) \ \Rightarrow \ (\circ(x) \mid \circ(H) = 38 \ \wedge$$
$$\circ(x) \mid \circ(K) = 55) \ \Rightarrow \ \circ(x) \mid \text{mcd}(38, 55) = 1 \ \Rightarrow$$
$$\circ(x) = 1 \ \Rightarrow \ x = e \ \Rightarrow \ H \cap K = \{e\}.$$

8.4. **Sección Subgrupos Normales.**

(1) Determine todos los subgrupos normales de $\mathbb{Z}_2 \times \mathbb{Z}_2$, $\mathbb{Z}_8 \times \mathbb{Z}_2$ y $\mathbb{Z}_4 \times \mathbb{Z}_4$, y de ellos cuales son subgrupos normales.

Sol: Como todos los grupos son abelianos, todos sus subgrupos son normales.

Como $\circ(\mathbb{Z}_2 \times \mathbb{Z}_2) = 4$, puede tener subgrupos de órdenes 1, 2 y 4, que son:

$G_1 = \{(0,0)\}$, $G_2 = <(1,0)> = \{(0,0), (1,0)\}$,

$G_3 = <(0,1)> = \{(0,0), (0,1)\}$ y $G_4 = \mathbb{Z}_2 \times \mathbb{Z}_2$.

Ahora $\circ(\mathbb{Z}_8 \times \mathbb{Z}_2) = 16$, luego los posibles subgrupos deben tener órdenes 1, 2, 4, 8 y 16, que son: $G_1 = \{(0,0)\}$,

$$\begin{aligned}
G_2 =< (4,0) > &= \{(0,0),(4,0)\},\\
G_3 =< (4,1) > &= \{(0,0),(4,1)\},\\
G_4 =< (0,1) > &= \{(0,0),(0,1)\},\\
G_5 =< (2,0) > &= \{(0,0),(2,0),(4,0),(6,0)\},\\
G_6 =< (2,1) > &= \{(0,0),(2,1),(4,0),(6,1)\},\\
G_7 =< (2,0) > &= \{(0,0),(2,0),(4,0),(6,0)\},\\
G_8 =< (1,0) > &= \{(0,0),(1,0),(2,0),(3,0),(4,0),(5,0),\\
&\quad (6,0),(7,0)\},\\
G_9 =< (1,1) > &= \{(0,0),(1,1),(2,0),(3,1),(4,0),(5,1),\\
&\quad (6,0),(7,1)\},\\
G_{10} = \mathbb{Z}_8 \times \mathbb{Z}_2.
\end{aligned}$$

Finalmente, $\circ(\mathbb{Z}_4 \times \mathbb{Z}_4) = 16$, y al igual que en el caso anterior, los posibles órdenes de los subgrupos son 1,2,4,8 y 16, y son: $.G_1 = \{(0,0)\}$,

$G_2 =< (2,0) >= \{(0,0),(2,0)\}$,

$G_3 =< (0,2) >= \{(0,0),(0,2)\}$,

$G_4 =< (2,2) >= \{(0,0),(2,2)\}$,

$G_5 =< (1,0) >= \{(0,0),(1,0),(2,0),(3,0)\}$,

$G_6 =< (0,1) >= \{(0,0),(0,1),(0,2),(0,3)\}$,

$G_7 =< (1,1) >= \{(0,0),(1,1),(2,2),(3,3)\}$,

$G_8 =< (3,1) >= \{(0,0),(3,1),(2,2),(1,3)\}$,

$G_9 =< (3,2) >= \{(0,0),(3,2),(2,0),(1,2)\}$,

$G_{10} =< (2,1) >= \{(0,0),(2,1),(0,2),(2,3)\}$,

$G_{11} = \mathbb{Z}_4 \times \mathbb{Z}_4$.

(2) Determine los siguientes grupos cocientes:

(a) $(\mathbb{Z}_4 \times \mathbb{Z}_6)/ < (2,3) >$.

Sol: Tenemos:

$\mathbb{Z}_4 \times \mathbb{Z}_6 = \{(0,0),(1,0),(2,0),(3,0),(0,1),(1,1),(2,1),(3,1),$ $(0,2),(1,2),(2,2),(3,2),(0,3),(1,3),(2,3),(3,3),(0,4),(1,4),$ $(2,4),(3,4),(0,5),(1,5),(2,5),(3,5)\} \Rightarrow \circ(\mathbb{Z}_4 \times \mathbb{Z}_6) = 24.$

Por otro lado:

$< (2,3) >= \{(0,0),(2,3)\} \Rightarrow \circ(< (2,3) >) = 2$, por lo tanto, $\circ((\mathbb{Z}_4 \times \mathbb{Z}_6)/ < (2,3) >) = 12$.

Ahora:

$(\mathbb{Z}_4 \times \mathbb{Z}_6)/ < (2,3) >= \{[(0,0)],[(1,0)],[(2,0)],[(3,0)],[(0,1)],$ $[(1,1)],[(2,1)],[(3,1)],[(0,2)],[(1,2)],[(2,2)],[(3,2)]\}$ que corresponde a un $\mathbb{Z}_4 \times \mathbb{Z}_3$.

(b) $(\mathbb{Z} \times \mathbb{Z})/ < (0,1) >$.

Sol: Tenemos que $\forall (a,b) \in \mathbb{Z} \times \mathbb{Z}$:

$$(a,b)+ < (0,1) >= (a,0) + (0,b)+ < (0,1) >=$$
$$(a,0)+ < (0,1) > \Rightarrow$$

$(\mathbb{Z} \times \mathbb{Z})/ < (0,1) >= \{[(a,0)] \mid a \in \mathbb{Z}\}$ que corresponde a $\mathbb{Z}$.

(c) $(\mathbb{Z} \times \mathbb{Z})/ < (1,2) >$.

Sol: Podemos proceder de la misma forma como en los ejemplos anteriores, sin embargo, usaremos el teorema de isomorfía del próximo capítulo: definamos

$$\varphi : \mathbb{Z} \times \mathbb{Z} \longrightarrow \mathbb{Z}, \quad \varphi(a,b) = 2a - b.$$

Afirmamos que φ es un homomorfismo sobreyectivo. En efecto:

$$\varphi((a,b) + (c,d)) = \varphi(a+c, b+d) = 2(a+c) - (b+d) =$$
$$2a - b + 2c - d = \varphi(a,b) + \varphi(c,d) \Rightarrow \varphi \text{ homommorfismo.}$$

Además,

$$\forall n \in \mathbb{Z}, \exists (0,-m) \in \mathbb{Z} \times \mathbb{Z} \text{ tal que } \varphi(0,-m) = m \Rightarrow$$
$$\varphi \text{ sobreyectivo.}$$

Ahora:

$$\ker(\varphi) = \{(a,b) \in \mathbb{Z} \times \mathbb{Z} \mid 2a - b = 0\} =$$
$$\{(a,b) \in \mathbb{Z} \times \mathbb{Z} \mid b = 2a\} =< (1,2) > \quad \Rightarrow$$
$$(\mathbb{Z} \times \mathbb{Z})/ < (1,2) > \approx \mathbb{Z}.$$

(d) $(\mathbb{Z} \times \mathbb{Z} \times \mathbb{Z})/ < (1,1,1) >$.

Sol: Al igual que en el ejercicio anterior, usaremos el teorema de isomorfía. Definamos:

$$\varphi : \mathbb{Z} \times \mathbb{Z} \times \mathbb{Z} \longrightarrow \mathbb{Z} \times \mathbb{Z}, \quad \varphi(a,b,c) = (c-a, c-b).$$

Afirmamos que φ es un homomorfismo sobreyectivo. En efecto:

$$\varphi((a,b,c) + (x,y,z)) = \varphi(a+x, b+y, c+z) =$$
$$(c+z-(a+x), c+z-(b+y) = (c-a+z-x, c-b+z-y) =$$
$$(c-a, c-b) + (z-x, z-y) = \varphi(a,b,c) + \varphi(x,y,z) \Rightarrow$$
$$\varphi \text{ homomorfismo.}$$

Además,

$$\forall (n,m) \in \mathbb{Z} \times \mathbb{Z}, \exists (-n,-m,0) \in$$
$$\mathbb{Z} \times \mathbb{Z} \times \mathbb{Z} \text{ tal que } \varphi(-n,-m,0) = (n,m)$$
$$\Rightarrow \varphi \text{ sobreyectivo.}$$

Para finalizar:

$$\ker(\varphi) = \{(a,b,c) \in \mathbb{Z} \times \mathbb{Z} \times \mathbb{Z} \mid (c-a, c-b) = (0,0)\} =$$
$$\{(a,b,c) \in \mathbb{Z} \times \mathbb{Z} \times \mathbb{Z} \mid a = b = c\} =< (1,1,1) > \quad \Rightarrow$$
$$(\mathbb{Z} \times \mathbb{Z} \times \mathbb{Z})/ < (1,1,1) > \approx \mathbb{Z} \times \mathbb{Z}.$$

(3) Encuentre todos los subgrupos de orden menor o igual a 4 de $\mathbb{Z}_4 \times \mathbb{Z}_4$ y en cada caso, determine el grupo cociente de $\mathbb{Z}_4 \times \mathbb{Z}_4$ módulo el subgrupo encontrado.

Sol: Tenemos que:

$$\mathbb{Z}_4 \times \mathbb{Z}_4 = \{(0,0), (0,1), (0,2), (0,3), (1,0), (1,1), (1,2), (1,3),$$
$$(2,0), (2,1), (2,2), (2,3), (3,0), (3,1), (3,2), (3,3)\}$$

Subgrupos de orden 4:

$$H_1 =< (0,1) >= \{(0,0),(0,1),(0,2),(0,3)\};$$
$$H_2 =< (1,0) >= \{(0,0),(1,0),(2,0),(3,0)\};$$
$$H_3 =< (1,1) >= \{(0,0),(1,1),(2,2),(3,3)\};$$
$$H_4 =< (1,2) >= \{(0,0),(1,2),(2,0),(3,2)\};$$
$$H_5 =< (2,1) >= \{(0,0),(2,1),(0,2),(2,3)\};$$
$$H_6 =< (1,3) >= \{(0,0),(1,3),(2,2),(3,1)\}.$$

Subgrupos de orden 2:

$$T_7 =< (0,2) >= \{(0,0),(0,2)\};$$
$$T_8 =< (2,0) >= \{(0,0),(2,0)\};$$
$$T_9 =< (2,2) >= \{(0,0),(2,2)\}.$$

Como $\circ(\mathbb{Z}_4 \times \mathbb{Z}_4) = 16$, $\circ(H_i) = 4$, $i = 1,2,3,4,5,6$ y $\circ(T_i) = 2$, $i = 1,2,3$, obtenemos que $\circ((\mathbb{Z}_4 \times \mathbb{Z}_4)/H_i) = 4$ y $\circ((\mathbb{Z}_4 \times \mathbb{Z}_4)/T_i) = 8$.

Ahora veamos los grupos cocientes.

Tenemos que $\forall (a,b) \in \mathbb{Z}_4 \times \mathbb{Z}_4$, $[(a,b)] = (a,b) + H_i, i = 1,2,3,4,5,6$, donde:

(a) $(a,b) + H_1 = (a,0) + (0,b) + H_1 = (a,0) + H_1, a = 0,1,2,3 \Rightarrow$
$$(\mathbb{Z}_4 \times \mathbb{Z}_4)/H_1 = \{[(0,0)],[(1,0)],[(2,0)],[(3,0)]\} =$$
$$< [(1,0)] > \text{ que corresponde a un } \mathbb{Z}_4.$$

(b) $(a,b) + H_2 = (a,0) + (0,b) + H_1 = (0,b) + H_2, b = 0,1,2,3 \Rightarrow$
$(\mathbb{Z}_4 \times \mathbb{Z}_4)/H_2 = \{[(0,0)],[(0,1)],[(0,2)],[(0,3)]\} =< [(0,1)] >$ que corresponde a un $\mathbb{Z}_4$.

(c) $H_3 = [(0,0)] = \{(0,0),(1,1),(2,2),(3,3)\} =$
$$[(1,1)] = [(2,2)] = [(3,3)];$$
$$[(1,0)] = \{(1,0),(2,1),(3,2),(0,3)\} =$$
$$[(2,1)] = [(3,2)] = [(0,3)];$$
$$[(0,1)] = \{(0,1),(1,2),(2,3),(3,0)\} =$$

$$[(1,2)] = [(2,3)] = [(3,0)];$$

$$[(2,0)] = \{(2,0),(3,1),(0,2),(1,3)\} =$$
$$[(3,1)] = [(0,2)] = [(1,3)].$$

Luego:

$(\mathbb{Z}_4 \times \mathbb{Z}_4)/H_3 = \{[(0,0)],[(0,1)],[(0,2)],[(0,3)]\} =< [(0,1)] >$

que corresponde a un $\mathbb{Z}_4$.

(d) $H_4 = [(0,0)] = \{(0,0),(1,2),(2,0),(3,2)\} =$
$$[(1,2)] = [(2,0)] = [(3,2)];$$

$$[(1,0)] = \{(1,0),(2,2),(3,0),(0,2)\} =$$
$$[(2,2)] = [(3,0)] = [(0,2)];$$

$$[(0,1)] = \{(0,1),(1,3),(2,1),(3,3)\} =$$
$$[(1,3)] = [(2,1)] = [(3,3)];$$

$$[(0,3)] = \{(0,3),(1,1),(2,3),(3,1)\} =$$
$$[(1,1)] = [(2,3)] = [(3,1)].$$

Luego:

$(\mathbb{Z}_4 \times \mathbb{Z}_4)/H_4 = \{[(0,0)],[(0,1)],[(0,2)],[(0,3)]\} =< [(0,1)] >$

que corresponde a un $\mathbb{Z}_4$.

(e) $H_5 = [(0,0)] = \{(0,0),(2,1),(0,2),(2,3)\} =$
$$[(2,1)] = [(0,2)] = [(2,3)];$$

$$[(0,1)] = \{(0,1),(2,2),(0,3),(2,0)\} =$$
$$[(2,2)] = [(0,3)] = [(2,0)];$$

$$[(1,0)] = \{(1,0),(3,1),(1,2),(3,3)\} =$$
$$[(3,1)] = [(1,2)] = [(3,3)];$$

$$[(1,1)] = \{(1,1),(3,2),(1,3),(3,0)\} =$$
$$[(3,2)] = [(1,3)] = [(3,0)].$$

Luego:

$(\mathbb{Z}_4 \times \mathbb{Z}_4)/H_5 = \{[(0,0)],[(1,0)],[(2,0)],[(3,0)]\} =< [(1,0)] >$

que corresponde a un $\mathbb{Z}_4$.

(f) $H_6 = [(0,0)] = \{(0,0),(1,3),(2,2),(3,1)\} =$

$[(1,3)] = [(2,2)] = [(3,1)];$

$[(1,0)] = \{(1,0),(2,3),(3,2),(0,1)\} =$

$[(2,3)] = [(3,2)] = [(0,1)];$

$[(2,0)] = \{(2,0),(3,3),(0,2),(1,1)\} =$

$[(3,3)] = [(0,2)] = [(1,1)];$

$[(3,0)] = \{(3,0),(0,3),(1,2),(2,1)\} =$

$[(0,3)] = [(1,2)] = [(2,1)].$

Luego:

$(\mathbb{Z}_4 \times \mathbb{Z}_4)/H_6 = \{[(0,0)],[(1,0)],[(2,0)],[(3,0)]\} =< [(1,0)] >$ que corresponde a un $\mathbb{Z}_4$.

(g) $T_7 = [(0,0)] = \{(0,0),(0,2)\} = [(0,2)];$

$[(1,0)] = \{(1,0),(1,2)\} = [(1,2)];$

$[(0,1)] = \{(0,1),(0,3)\} = [(0,3)];$

$[(1,1)] = \{(1,1),(1,3)\} = [(1,3)];$

$[(2,0)] = \{(2,0),(2,2)\} = [(2,2)];$

$[(2,1)] = \{(2,1),(2,3)\} = [(2,3)];$

$[(3,0)] = \{(3,0),(3,2)\} = [(3,2)];$

$[(3,1)] = \{(3,1),(3,3)\} = [(3,3)].$

Luego:

$$(\mathbb{Z}_4 \times \mathbb{Z}_4)/T_7 =$$

$$\{[(0,0)],[(1,0)],[(0,1)],[(1,1)],[(2,0)],[(2,1)],[(3,0)],[(3,1)]\}$$

$=< [(1,0)],[(0,1)] >$ que corresponden a un $\mathbb{Z}_4 \times \mathbb{Z}_2$.

(h) El caso T_8 es análogo a T_7 y obtenemos:

$(\mathbb{Z}_4 \times \mathbb{Z}_4)/T_8 =< [(1,0)],[(0,1)] >$ que corresponden a un $\mathbb{Z}_2 \times \mathbb{Z}_4$.

(i) $T_9 = [(0,0)] = \{(0,0),(2,2)\} = [(2,2)];$

$[(1,0)] = \{(1,0),(3,2)\} = [(3,2)];$

$[(0,1)] = \{(0,1),(2,3)\} = [(2,3)];$

$[(1,1)] = \{(1,1),(3,3)\} = [(3,3)];$

$[(2,0)] = \{(2,0),(0,2)\} = [(0,2)];$

$[(2,1)] = \{(2,1),(0,3)\} = [(0,3)];$

$[(1,2)] = \{(1,2),(3,0)\} = [(3,0)];$

$[(3,1)] = \{(3,1),(1,3)\} = [(1,3)].$

Luego:

$$(\mathbb{Z}_4 \times \mathbb{Z}_4)/T_9 =$$

$$\{[(0,0)],[(1,0)],[(0,1)],[(1,1)],[(2,0)],[(2,1)],[(1,2)],[(3,1)]\}$$

$$=< [(1,0)],[(0,1)] > \text{ que corresponden a un } \mathbb{Z}_4 \times \mathbb{Z}_2.$$

(4) Si G es un grupo y $H \leq G$ con $i_G(H) = 2$, pruebe que $H \trianglelefteq G$.

Sol: Sólo hay dos clases laterales derechas y dos clases laterales izquierdas, que son:

(a) Clases laterales izquierdas: H y $gH, g \in G - H$,

(b) Clases laterales derechas: H y $H\tilde{g}, \tilde{g} \in G - H$.

Luego necesariamente: $gH = Hg$, $\forall g \in G - H$, de donde $H \trianglelefteq G$

(5) Si $N \trianglelefteq G$ y $H \leq G$, pruebe que $NH \leq G$.

Sol: $NH = \{nh \mid n \in N, h \in H\}$.

(a) Sea $x, y \in NH$, entonces

$x = n_1h_1, y = n_2h_2, n_1, n_2 \in N, h_1, h_2 \in H$. Luego:

$$\begin{aligned} xy = (n_1h_1)(n_2h_2) &= n_1(h_1n_2)h_2, \quad h_1n_1 \in h_1N = Nh_1 \\ &= n_1(\tilde{n}_2h_1)h_2 \\ &= (n_1\tilde{n}_2)(h_1h_2) \in NH \Rightarrow \text{ clausura} \end{aligned}$$

(b) Sea $x \in NH$, entonces: $x = nh, n \in N, h \in H \Rightarrow$

$x^{-1} = (nh)^{-1} = h^{-1}n^{-1} \in h^{-1}N = Nh^{-1} \Rightarrow$

$x^{-1} = \tilde{n}h^{-1} \in NH \Rightarrow$ existencia de inversos.

Luego de (a) y (b), $NH \leq G$.

(6) Si $N \trianglelefteq G$ y $H \trianglelefteq G$, pruebe que $N \cap H \trianglelefteq G$.

Sol:

(a) Obviamente $N \cap H \leq G$.

(b) $\forall g \in G, \forall x \in N \cap H, x \in N \wedge x \in H \Rightarrow gxg^{-1} \in N \wedge gxg^{-1} \in H \Rightarrow gxg^{-1} \in N \cap H \Rightarrow N \cap H \trianglelefteq G$.

(7) Si $H \leq G$ y $N \trianglelefteq G$, pruebe que $H \cap N \trianglelefteq H$.

Sol: Primero observemos que como $H \leq G \Rightarrow \forall h, x \in H,\ hxh^{-1} \in H$.

Por otro lado, $N \trianglelefteq G \Rightarrow \forall x \in N, \forall g \in G, gxg^{-1} \in N$.

Sea $x \in H \cap N \Rightarrow x \in H \wedge x \in N \Rightarrow \forall h \in H, h \in G$, y por lo senalado anteriormente, $hxh^{-1} \in H$ y $hxh^{-1} \in N \Rightarrow hxh^{-1} \in H \cap N \Rightarrow H \cap N \trianglelefteq H$.

(8) Si G un grupo, $H, N \leq G$ y $i_G(N) = 2$, pruebe que $H \cap N \trianglelefteq G$.

Sol: Como $i_G(N) = 2 \Rightarrow N \trianglelefteq G$ y por problema anterior $H \cap N \trianglelefteq G$.

(9) Pruebe que todo subgrupo de un grupo abeliano es normal.

Sol: Sea G grupo abeliano y $H \leq G$. Entonces

$$\forall g \in G, \forall h \in H, ghg^{-1} = gg^{-1}h = eh = h \in H \Rightarrow H \trianglelefteq G.$$

(10) Si G es abeliano y si N es un subgrupo cualquiera de G, pruebe que G/N es abeliano.

Sol: Por problema anterior, $N \trianglelefteq G$, y luego está bien definido el espacio cociente G/N. Ahora:

$$\forall X, Y \in G/N, X = Nx, Y = Ny, x, y \in G \Rightarrow$$
$$XY = (Nx)(Ny) = N(xy) = N(yx) = (Ny)(Nx) = YX \Rightarrow$$
$$G/N \text{ abeliano.}$$

(11) Sea G un grupo con centro $Z(G)$ tal que $G/Z(G)$ es cíclico. Pruebe que G es abeliano.

Sol: Como $G/Z(G)$ es cíclico, $\exists\ g \in G$ tal que

$G/Z(G) =< g^k Z(G) >$ para algún $k \in Z$. Queremos probar que $\forall\ x, y \in G : xy = yx$. Como $x = xe \in xZ(G) \Rightarrow x = g^m\alpha$, para algún $m \in \mathbb{Z}$ y $\alpha \in Z(G)$. Análogamente, $y = g^n\beta$, para algún $n \in \mathbb{Z}$ y $\beta \in Z(G)$. Finalmente como $\alpha, \beta \in Z(G)$, obtenemos:

$$xy = g^m\alpha g^n\beta = g^m g^n\alpha\beta = g^n g^m\beta\alpha = g^n\beta g^m\alpha = yx.$$

(12) Sea G un grupo y $H \leq G$. Para $g \in G$, definimos

$gHg^{-1} = \{ghg^{-1} \mid h \in H\}$. Pruebe que $gHg^{-1} \leq G$.

Sol:

(a) Clausura:

$x, y \in gHg^{-1} \Rightarrow x = gh_1g^{-1}, y = gh_2g^{-1}, h_1, h_2 \in H$.

Luego:

$$xy = (gh_1g^{-1})(gh_2g^{-1}) = g(h_1h_2)g^{-1} \in gHg^{-1}$$

ya que $h_1h_2 \in H$.

(b) Como $e = gg^{-1} = geg^{-1} \Rightarrow e \in gHg^{-1}$.

(c) $\forall x = ghg^{-1} \in gHg^{-1}, x \in G \Rightarrow \exists x^{-1} \in G$ y

$x^{-1} = (ghg^{-1})^{-1} = gh^{-1}g^{-1} \in gHg^{-1}$ ya que $h^{-1} \in H$.

Luego $gHg^{-1} \leq G$.

(13) Sea G un grupo finito y H el único subgrupo de orden $o(H)$ en el grupo G. Pruebe que $H \trianglelefteq G$.

Sol: Sea $\circ(G) = n$ y $H \leq G$ con $\circ(H) = m$, único subgrupo de orden m. Debemos probar que $gH = Hg\ \forall g \in G$.

Sabemos que $\{gH \mid g \in G\}$ y $\{Hg \mid g \in G\}$ producen particiones de G en subconjuntos disjuntos, y esto sucede con cualquier subgrupo de G.

Si $gH \neq Hg$, entonces $gH = Kg$ donde $K \leq G$ y $\{Kg \mid g \in G\}$ partición de G, pero $\circ(gH) = \circ(H) = \circ(Kg) = \circ(K)$, es decir, $\circ(H) = \circ(K)$, lo que es una contradicción.

Luego $gH = Hg\ \forall g \in G \Rightarrow H \trianglelefteq G$.

(14) Sea $G = GL(n,\mathbb{R})$ el grupo multiplicativo de matrices invertibles $n \times n$ con entradas reales y $SL(n,\mathbb{R})$ el subconjunto de matrices de determinante 1. Pruebe que $SL(n,\mathbb{R}) \trianglelefteq GL(n,\mathbb{R})$.

Sol: Como $I \in GL(n,\mathbb{R})$ matriz indentidad es el neutro del grupo y

$\det(I) = 1 \Rightarrow I \in SL(n,\mathbb{R})$.

Ahora, $\forall A, B \in SL(n,\mathbb{R})$, $\det(A) = \det(B) = 1 \Rightarrow \det(B^{-1}) = 1$ y por lo tanto $\det(AB^{-1}) = 1 \Rightarrow AB^{-1} \in SL(n,\mathbb{R})$. Luego $SL(n,\mathbb{R}) \leq GL(n,\mathbb{R})$.

Ahora probemos que es subgrupo normal:

$$\forall A \in SL(n,\mathbb{R}), \forall B \in GL(n,\mathbb{R}), \quad \det(BAB^{-1}) = 1 \quad \Rightarrow$$

$$BAB^{-1} \in SL(n,\mathbb{R}) \quad \Rightarrow \quad SL(n,\mathbb{R}) \trianglelefteq GL(n,\mathbb{R})$$

(15) Considere el conjunto $G = \{\begin{pmatrix} a & b \\ 0 & 1 \end{pmatrix} \mid a, b \in \mathbb{R}, a \neq 0\}$ provisto de la multiplicación usual de matrices.

(a) Pruebe que G es un grupo.

(b) Pruebe que $N = \{A \in G \mid a = 1\}$ es un subgrupo normal de G.

Sol:

(a) El neutro multiplicativo $\begin{pmatrix} 1 & 0 \\ 0 & 1 \end{pmatrix} \in G$ y $\begin{pmatrix} a & b \\ 0 & 1 \end{pmatrix}^{-1} = \begin{pmatrix} a^{-1} & -ba^{-1} \\ 0 & 1 \end{pmatrix} \in G$. Las demás propiedades se heredan de las matrices y por lo tanto G es grupo.

(b) $\forall A, B \in N, A = \begin{pmatrix} 1 & a \\ 0 & 1 \end{pmatrix}, B = \begin{pmatrix} 1 & b \\ 0 & 1 \end{pmatrix} \Rightarrow$

$$B^{-1} = \begin{pmatrix} 1 & -b \\ 0 & 1 \end{pmatrix} \wedge AB^{-1} = \begin{pmatrix} 1 & a-b \\ 0 & 1 \end{pmatrix} \in N \Rightarrow$$
$$N \leq G.$$

$$\text{Ahora: } \forall A = \begin{pmatrix} a & b \\ 0 & 1 \end{pmatrix} \in G, \forall B = \begin{pmatrix} 1 & c \\ 0 & 1 \end{pmatrix} \in N \quad \Rightarrow$$

$$ABA^{-1} = \begin{pmatrix} a & b \\ 0 & 1 \end{pmatrix}\begin{pmatrix} 1 & c \\ 0 & 1 \end{pmatrix}\begin{pmatrix} a^{-1} & -ba^{-1} \\ 0 & 1 \end{pmatrix} =$$
$$\begin{pmatrix} 1 & ac \\ 0 & 1 \end{pmatrix} \in N \Rightarrow N \trianglelefteq G.$$

(16) Sea G un grupo cualquiera con nuetro e y $N \trianglelefteq G$ de índice n. Sea $g \in G$ tal que $g^m = e$ con $\text{mcd}(m, n) = 1$. Pruebe que $x \in N$.

Sol: Como $N \trianglelefteq G$, el cociente G/N es un grupo. Sea $Ng \in G/N$, entonces $(Ng)^m = Ng^m = Ne = N \Rightarrow \circ(Ng) \mid m$. Por teorema de Lagrange,

$$\circ(Ng) \mid \circ(G/N) = [G : N] = n \Rightarrow$$
$$\circ(Ng) \mid \text{mcd}(m, n) = 1 \Rightarrow \circ(Ng) = 1 \Rightarrow$$
$$Ng = N \Rightarrow g \in N.$$

(17) Sea G un grupo y $H \leq G$ tal que $\forall\, x \in G,\ x^2 \in H$. Pruebe que $H \trianglelefteq G$ y que G/H es abeliano.

Sol: $\forall\, h \in H, \forall\, g \in G$:

$$ghg^{-1} = ghgg^{-2} = ghghh^{-1}g^{-2} = (gh)^2h^{-1}(g^{-1})^2 \in H \text{ ya que}$$
$$(gh)^2, h^{-1}, (g^{-1})^2 \in H \Rightarrow H \trianglelefteq G$$

Para probar que G/H es abeliano, basta probar que $\forall\ X \in G/H,\ X^2 = H$, es decir, todos sus elementos son de orden dos. En efecto:

$$\forall\, X \in G/H,\ X = gH \Rightarrow X^2 = (gH)^2 = g^2H = H\ (g^2 \in H) \Rightarrow$$
$$G/H \text{ abeliano.}$$

(18) Sea $N \trianglelefteq G$ tal que G/N es cíclico. ¿Es G necesariamente abeliano?

Sol: Consideremos el grupo diédrico $G = D_3 = \{\rho_0, \rho_1, \rho_2, \mu_1, \mu_2, \mu_3\}$ visto en la sección 2.1, y $H = \{\rho_0, \rho_1, \rho_2\} =< \rho_1 >$. Entonces como $i_{D_3}(H) = 2$, obtenemos que $H \trianglelefteq D_3$. El cociente D_3/H es de orden 2, por consiguiente cíclico, sin embargo D_3 no es abeliano.

8.5. Sección Homomorfismos y Automorfismos.

(1) Determine cuales de las siguientes aplicaciones son homomorfismos, en cuyo caso, determine su núcleo.

(a) $(G, *) = (\mathbb{R} - \{0\}, \cdot)$, $\bar{G} = G$, $\phi(x) = x^2$, $\forall x \in G$. **Sol:** Si

(b) $G = \bar{G}$ como en (a), $\phi(x) = 2^x$, $\forall x \in G$. **Sol:** No

(c) $(G, *) = (\mathbb{R}, +)$, $\bar{G} = G$, $\phi(x) = x + 1$, $\forall x \in G$. **Sol:** No

(d) $G = \bar{G}$ como en (c), $\phi(x) = 13x$, $\forall x \in G$. **Sol:** Si

(e) G grupo abeliano cualquiera, $\bar{G} = G$, $\phi(x) = x^5$, $\forall x \in G$. **Sol:** Si

(f) $(G, *) = (\mathbb{R} - \{0\}, \cdot)$, $\bar{G} = G$, $\phi(x) = |x|$. **Sol:** Si

(2) Sean $\mathbb{Z}$ y $\mathbb{Z}_n$ grupos aditivos. Determine cuales de las siguientes funciones son homomorfismos, y en cuyo caso, determine cuales son monomorfismos y/o epimorfismos.

(a) $\phi : \mathbb{Z} \longrightarrow \mathbb{Z}$, $\phi(n) = kn, k \in \mathbb{Z}$ fijo. **Sol:** Si, monomorfismo.

(b) $\phi : \mathbb{Z}_6 \longrightarrow \mathbb{Z}_{12}$, $\phi(n) = 2n$. **Sol:** Si, monomorfismo.

(c) $\phi : \mathbb{Z}_6 \longrightarrow \mathbb{Z}_{12}$, $\phi(n) = 3n$. **Sol:** Si.

(d) $\phi : \mathbb{Z}_6 \longrightarrow \mathbb{Z}_{10}$, $\phi(n) = 2n$. **Sol:** Si.

(e) $\phi : \mathbb{Z}_5 \longrightarrow \mathbb{Z}_5$, $\phi(n) = 3n$. **Sol:** Si, biyectivo.

(3) Sea $\phi : \mathbb{Z}_{30} \longrightarrow \mathbb{Z}_{30}$ un homomorfismo tal que $K = ker(\phi) = \{0, 10, 20\}$. Si $\phi(23) = 9$ determine el conjunto $\{n \in \mathbb{Z}_{30} \mid \phi(n) = 9\}$.

Sol: Apliquemos directamente la proposición 6.7:

$\phi^{-1}(9) = \{n \in \mathbb{Z}_{30} \mid \phi(n) = 9\} = Kx$, donde $x \in \phi^{-1}(9)$, por ejemplo $x = 23$. Luego,

$\phi^{-1}(9) = K + 23 = \{0 + 23, 10 + 23, 20 + 23\} = \{23, 3, 13\}$.

(4) Pruebe que la relación de isomorfismo $(G \approx \tilde{G})$ es una relación de equivalencia en el espacio de todos los grupos.

Sol:

(a) Reflexividad: Para todo grupo G, $id : G \longrightarrow G$, $id(x) = x$ define un isomorfismo, luego $G \approx G$.

(b) Simetría: Sea $G \approx \tilde{G}$, entonces $\exists\ \varphi : G \longrightarrow \tilde{G}$ isomorfismo $\Rightarrow\ \exists\ \varphi^{-1} : \tilde{G} \longrightarrow G$ el cual también es isomorfismo, por lo tanto $\tilde{G} \approx G$.

(c) Transitividad: Sean $G_1 \approx G_2$ y $G_2 \approx G_3$, entonces $\exists\ \varphi : G_1 \longrightarrow G_2 \ \wedge\ \psi : G_2 \longrightarrow G_3$ isomorfismos $\Rightarrow$ $\psi \circ \varphi : G_1 \longrightarrow G_3$ es isomorfismo $\Rightarrow G_1 \approx G_3$.

De (a), (b) y (c), la relación de isomorfía es una relación de equivalencia.

(5) Sea $\phi : G \longrightarrow \tilde{G}$ homomorfismo de grupos. Pruebe que:

(a) $H \leq G \Rightarrow \phi(H) \leq \tilde{G}$ y $U \leq \tilde{G} \Rightarrow \phi^{-1}(U) \leq G$.

(b) $\ker(\phi) \leq G$, $\mathrm{Im}(\phi) \leq \tilde{G}$. Si G es abeliano, entonces $\mathrm{Im}(\phi)$ es abeliano.

Sol:

(a) (i) $\forall v, w \in \phi(H), \exists a, b \in H$ tal que $\phi(a) = v, \phi(b) = w \Rightarrow$ $vw = \phi(a)\phi(b) = \phi(ab) \in \phi(H) \Rightarrow$ clausura.

(ii) Por otro lado: $\forall v \in \phi(H), \exists a \in H$ tal que $\phi(a) = v$, $H \leq G \Rightarrow \exists a^{-1} \in H$ y $\phi(a^{-1}) = \phi(a)^{-1} = v^{-1} \in \phi(H) \Rightarrow$ existencia de inversos.

De (i) y (ii), $\phi(H) \leq \tilde{G}$.

Note primero que $\phi : G \longrightarrow \tilde{G}$ homomorfismo de grupos $\Rightarrow$ $\phi^{-1} : \phi(G) \leq \tilde{G} \longrightarrow G$ homomorfismo de grupos. Ahora:

(i) $\forall a, b \in \phi^{-1}(U), \exists v, w \in U$ tal que $a = \phi^{-1}(v), b = \phi^{-1}(w) \Rightarrow$ $ab = \phi^{-1}(v)\phi^{-1}(w) = \phi^{-1}(vw) \in \phi^{-1}(U) \Rightarrow$ clausura.

(ii) Ahora, $\forall a \in \phi^{-1}(U), \exists v \in U$ tal que $a = \phi^{-1}(v)$ y $U \leq \tilde{G} \Rightarrow \exists v^{-1} \in U$ y $\phi^{-1}(v^{-1}) = (\phi^{-1}(v))^{-1} = a^{-1} \in \phi^{-1}(U) \Rightarrow$ existencia de inversos.

De (i) y (ii), $\phi^{-1}(U) \leq G$.

(b) (i) $\forall a, b \in \ker(\phi) \Rightarrow \phi(a) = \phi(b) = \tilde{e} \Rightarrow \phi(ab) = \phi(a)\phi(b) = \tilde{e}\tilde{e} = \tilde{e} \Rightarrow ab \in \ker(\phi) \Rightarrow$ clausura.

(ii) Por otro lado,

$\forall a, b \in \ker(\phi), a \in G \Rightarrow \exists a^{-1} \in G$ y $\phi(a^{-1}) = \phi(a)^{-1} = \tilde{e}^{-1} = \tilde{e} \Rightarrow a^{-1} \in \ker(\phi) \Rightarrow$ existencia de inversos. De (i) y (ii), $\ker(\phi) \leq G$.

Por (a), $\mathrm{Im}(\phi) = \phi(G) \leq \tilde{G}$. Además, $\forall v, w \in \mathrm{Im}(\phi)$, $\exists a, b \in G$ tal que $v = \phi(a), w = \phi(b) \Rightarrow vw = \phi(a)\phi(b) = \phi(ab) = \phi(ba) = \phi(b)\phi(a) = wv \Rightarrow \mathrm{Im}(\phi)$ abeliano.

(6) Pruebe que $\mathcal{J}(G) \leq \mathcal{A}(G)$.

Sol: Debemos probar que $\mathcal{J}(G)$ es cerrado para la composición de funciones y que cada elemento de $\mathcal{J}(G)$ tiene inverso.

(a) Clausura: Sean $T_{g_1}, T_{g_2} \in \mathcal{J}(G)$, entonces: $\forall x \in G$:

$$(T_{g_1} \circ T_{g_2})(x) = T_{g_1}(T_{g_2}(x)) = T_{g_1}(g_2 x g_2^{-1}) =$$
$$g_1(g_2 x g_2^{-1})g_1^{-1} =$$
$$(g_1 g_2)x(g_2^{-1}g_1^{-1}) = (g_1 g_2)x(g_1 g_2)^{-1} = T_{g_1 g_2}(x) \Rightarrow$$
$$T_{g_1} \circ T_{g_2} = T_{g_1 g_2} \in \mathcal{J}(G).$$

(b) Inversos: $\forall T_g \in \mathcal{J}(G)$, $g \in G$, $\exists\, T_{g^{-1}} \in \mathcal{J}(G)$ tal que:

$$T_g \circ T_{g^{-1}} = T_{g^{-1}} \circ T_g = I_G \Rightarrow (T_g)^{-1} = T_{g^{-1}} \in \mathcal{J}(G).$$

De (a) y (b), $\mathcal{J}(G) \leq \mathcal{A}(G)$.

(7) Sea G un grupo cualquiera y g un elemento fijo de G. Definamos $\phi : G \to G$, por $\phi(x) = gxg^{-1}$. Pruebe que ϕ es un isomorfismo de G.

Sol:

(a) ϕ homomorfismo. En efecto:

$$\phi(xy) = g(xy)g^{-1} = gx(g^{-1}g)yg^{-1} = (gxg^{-1})(gyg^{-1}) = \phi(x)\phi(y)$$

$$\Rightarrow \phi \text{ homomorfismo.}$$

(b) ϕ inyectiva. En efecto:

$$\phi(x) = \phi(y) \iff gxg^{-1} = gyg^{-1} \;/ \cdot g^{-1} \text{ (izquierda)} \Rightarrow$$
$$(g^{-1}g)xg^{-1} = (g^{-1}g)yg^{-1} \Rightarrow xg^{-1} = yg^{-1} \;/ \cdot g \text{ (derecha)} \Rightarrow$$
$$x(g^{-1}g) = y(g^{-1}g) \Rightarrow x = y \Rightarrow \phi \text{ inyectiva.}$$

(c) ϕ sobreyectiva. En efecto:

$$\forall y \in G,\ \exists g^{-1}yg \in G \text{ tal que}$$
$$\phi(g^{-1}yg) = g(g^{-1}yg)g^{-1} = y \Rightarrow \phi \text{ sobreyectiva.}$$

Por (a), (b) y (c), ϕ isomorfismo.

(8) Sea G un grupo abeliano finito de orden $o(G)$ y suponga que el entero n es primo con $o(G)$. Pruebe que todo $g \in G$ puede escribirse como $g = x^n$ con $x \in G$. (Sugerencia: Considere la aplicación $\phi : G \to G$ definida por $\phi(y) = y^n$, y pruebe que esta aplicacin es un isomorfismo de G).

Sol: Definamos $\phi : G \longrightarrow G$ por $g(y) = y^n$. Afirmamos que ϕ es un isomorfismo. En efecto:

(a) ϕ homomorfismo. En efecto:

$$\phi(xy) = (xy)^n \underbrace{=}_{(abeliano)} x^n y^n = \phi(x)\phi(y) \Rightarrow$$
$$\phi \text{ homomorfismo.}$$

(b) ϕ inyectiva, o equivalentemente $\ker(\phi) = \{e\}$.

Sabemos que $\circ(x) | \circ(G)$ $\forall x \in G$, y como $n \not| \circ(G) \Rightarrow x^n \neq e$ $\forall x \neq e$. Luego:

$$\ker(\phi) = \{x \in G \mid \phi(x) = e\} = \{x \in G \mid x^n = e\} = \{e\} \Rightarrow \phi \text{ inyectiva.}$$

(c) Por ser ϕ inyectiva y G de orden finito, ϕ es sobreyectiva.

Luego ϕ es un isomorfismo, y por lo tanto,

$$\forall g \in G, \exists x \in G \text{ tal que } \phi(x) = g \iff g = x^n.$$

(9) Sea V el conjunto de los números reales, y para a, b reales, con $a \neq 0$, definamos $\tau_{a,b} : V \to V$, por $\tau_{a,b}(x) = ax + b$. Sea $G = \{\tau_{a,b} | a, b \in \mathbb{R}, a \neq 0\}$ y sea $N = \{\tau_{1,b} \in G\}$. Pruebe que N es un subgrupo normal de G y que $G/N \approx$ grupo multiplicativo de los números reales distintos de cero.

Sol: Ya se probó que $N \trianglelefteq G$, así que sólo falta probar que $G/N \approx (\mathbb{R} - \{0\}, \cdot)$. Definamos: $\phi : G \longrightarrow \mathbb{R} - \{0\}$ por $\phi(\tau_{a,b}) = a$. Afirmamos que ϕ es un isomorfismo.

(a) ϕ homomorfismo. En efecto:

$$\phi(\tau_{a,b} \circ \tau_{c,d}) = \phi(\tau_{ac,ad+b}) = ac = \phi(\tau_{a,b})\phi(\tau_{c,d}) \Rightarrow \phi \text{ homomorfismo.}$$

(b) ϕ sobreyectivo. En efecto:

$$\forall a \in \mathbb{R} - \{0\}, \exists\ \tau_{a,b} \in G \text{ tal que } \phi(\tau_{a,b}) = a.$$

(c) ϕ inyectiva. En efecto:

$$\ker(\phi) = \{\tau_{a,b} \in G \mid \phi(\tau_{a,b}) = 1\} = \{\tau_{a,b} \in G \mid a = 1\} = \{\tau_{1,b} \in G\} = N.$$

Luego por teorema de isomorfía: $G/N \approx (\mathbb{R} - \{0\}, \cdot)$.

(10) Verifique en cada uno de los siguientes casos si las aplicaciones que se definen son automorfismos.

(a) G es el grupo de los enteros bajo la adición y $T : x \to -x$.

Sol: Si.

(b) G grupo multiplicativo de los reales positivos y $T : x \to x^2$.

Sol: Si.

(c) G grupo cíclico de orden 12 y $T : x \to x^3$.

Sol:

(i) Homomorfismo: dados $x, y \in G$, $x = g^n$, $y = g^m$, $n, m \in \mathbb{Z}$ y

$$T(xy) = T(g^n g^m) = T(g^{n+m}) = (g^{n+m})^3 = g^{3n}g^{3m} = T(g^n)T(g^m) = T(x)T(y) \Rightarrow T \text{ homomorfismo.}$$

(ii) Como $T(g^4) = g^{12} = e$, $\ker T \neq \{e\}$ y por lo tanto T no es inyectiva.

Luego T no es automorfismo.

(d) $G = S_3$ y $T : x \to x^{-1}$.

Sol: Afirmamos que T no es automorfismo. En efecto:

$$T(\mu_3\rho_1) = (\mu_3\rho_1)^{-1} = \mu_2^{-1} = \mu_2.$$

Por otro lado:

$$(T(\mu_3) = \mu_3^{-1} = \mu_3 \wedge T(\rho_1) = \rho_1^{-1} = \rho_2) \Rightarrow$$

$$T(\mu_3)T(\rho_1) = \mu_3\rho_2 = \mu_1 \Rightarrow T(\mu_3\rho_1) \neq T(\mu_3)T(\rho_1).$$

(11) Sea G un grupo, $H \leq G$ y $T \in \mathcal{A}(G)$. Sea $T(H) = \{T(h) \mid h \in H\}$. Pruebe que $T(H) \leq G$.

Sol:

(a) Clausura: Sean $x, y \in T(H)$, entonces $\exists\ a, b \in H$ tal que $T(a) = x$ y $T(b) = y$. Luego:

$$xy = T(a)T(b) = T(ab) \wedge ab \in H \Rightarrow xy \in T(H).$$

(b) Inversos: Sea $x \in T(H) \Rightarrow \exists\ a \in H$ tal que $T(a) = x$. Ahora:

$$a \in H \wedge H \leq G \Rightarrow \exists\ a^{-1} \in H \wedge T(a^{-1}) = T(a)^{-1} \in T(H).$$

Ahora:

$$e = T(e) = T(aa^{-1}) = T(a)T(a^{-1}) = xT(a)^{-1} \Rightarrow$$
$$x^{-1} = T(a)^{-1} \in T(H).$$

Luego de (a) y (b), $T(H) \leq G$.

(12) Sea G un grupo, $T \in \mathcal{A}(G)$, $N \trianglelefteq G$. Pruebe que $T(N) \trianglelefteq G$.

Sol: Como $T(N) \leq G \ \wedge \ N \trianglelefteq G$ obtenemos:

$gNg^{-1} = N \ \forall g \in G \iff T(gNg^{-1}) = T(N) \ \forall g \in G \iff$

$T(g)T(N)T(g)^{-1} = T(N) \ \forall g \in G \iff$

$\tilde{g}T(N)\tilde{g}^{-1} = T(N) \ \forall \tilde{g} \in G \iff T(N) \trianglelefteq G.$

(13) Para $G = S_3$, pruebe que $S_3 \approx \mathcal{I}(S_3)$.

Sol: Tenemos que $\mathcal{I}(S_3) = \{T_g \in \mathcal{A}(S_3) \mid g \in S_3\}$.

Sea $\phi : S_3 \longrightarrow \mathcal{I}(S_3)$ definida por $\phi(g) = T_g$. Entonces:

(a) Claramente ϕ es un homomorfismo sobreyectivo.

(b) $\ker \phi = \{g \in S_3 \mid T_g = I\}$. Ahora:

$$T_g = I \iff T_g(x) = x \ \forall x \in S_3 \iff$$
$$gxg^{-1} = x \ \forall x \in S_3 \iff$$
$$gx = xg \ \forall x \in S_3 \iff g = \rho_0$$

(ρ_0 es el único elemento que conmuta con todo elemento de S_3).

Luego: $\ker \phi = \{\rho_0\} \Rightarrow \phi$ inyectiva $\Rightarrow S_3 \approx \mathcal{I}(S_3)$.

(14) Para cualquier grupo G, pruebe que $\mathcal{I}(G) \trianglelefteq \mathcal{A}(G)$ (el grupo $\mathcal{A}(G)/\mathcal{I}(G)$ se llama grupo de automorfismos exteriores de G).

Sol: Sabemos que $\mathcal{I}(G) \leq \mathcal{A}(G)$.

Debemos probar que $\forall \phi \in \mathcal{A}(G)$, $\forall T_g \in \mathcal{I}(G)$, $\phi T_g \phi^{-1} \in \mathcal{I}(G)$.

Tenemos: $\forall x \in G$:

$$(\phi T_g \phi^{-1})(x) = \phi T_g(\phi^{-1}(x)) = \phi(g\phi^{-1}(x)g^{-1}) =$$
$$\phi(g)\phi(\phi^{-1}(x))\phi(g^{-1}) = \phi(g)x\phi(g)^{-1} = T_{\phi(g)}(x) \Rightarrow$$
$$\phi T_g \phi^{-1} = T_{\phi(g)} \in \mathcal{I}(G) \Rightarrow \mathcal{I}(G) \trianglelefteq \mathcal{A}(G).$$

(15) Sea G grupo de orden 4, $G = \{e, a, b, ab\}$, $a^2 = b^2 = e$, $ab = ba$. Determine $\mathcal{A}(G)$.

Sol: La tabla de multiplicación del grupo es:

$*$	e	a	b	ab
e	e	a	b	ab
a	a	e	ab	b
b	b	ab	e	a
ab	ab	b	a	e

Luego, los automorfismos de G son:

$$\phi_1 = Id; \quad \phi_2 = (b\ ab); \quad \phi_3 = (a\ b\ ab); \quad \phi_4 = (a\ b);$$
$$\phi_5 = (a\ ab\ b) \quad \wedge \quad \phi_6 = (a\ ab).$$

(16) Consideremos el grupo aditivo $(\mathbb{Z}_{220}, +)$ y $H =< 28 >$ el subgrupo generado por la clase del $28 \in Z_{220}$.

(a) Determine $i_{\mathbb{Z}_{220}}(H)$.

(b) ¿A qué grupo es isomorfo H?

(c) ¿Cuántos subgrupos de Z_{220} existen con el mismo índice que H?

Sol:

(a) Observemos primero que si $g \in G$ tiene orden n, entonces el orden de g^k es $n/\text{mcd}(n, k)$. Como $Z_{220} =< 1 >$ y $28 = 28 \cdot 1$, entonces el orden de 28 es $220/\text{mcd}(220, 28) = 220/4 = 55$. Por lo tanto

$$i_{\mathbb{Z}_{220}}(H) = [\mathbb{Z}_{220} : H] = \circ(\mathbb{Z}_{220})/\circ(H) = 220/55 = 4.$$

(b) Como todo subgrupo de un grupo cíclico es cíclico y $\circ(H) = 55$, tenemos que $H \approx \mathbb{Z}_{55}$.

(c) H es el único subgrupo de $\mathbb{Z}_{220}$ con índice 4, y entre los grupos cíclicos, no hay dos subgrupos distintos que tengan el mismo índice.

(17) (a) Un grupo C de G se dice que es un subgrupo característico de G si $T(C) \subset C$ para todo automorfismo T de G. Pruebe que un sugbrupo característico de G debe ser un subgrupo normal de G.

Sol: Sea $C \leq G$ tal que $T(C) \subset C \; \forall T \in \mathcal{A}(G)$. Ahora:

$$\mathcal{I}(G) \subset \mathcal{A}(G) \Rightarrow T_g(C) \subset C \; \forall g \in G \Rightarrow$$
$$gCg^{-1} \subset C \; \forall g \in G \Rightarrow C \trianglelefteq G.$$

(b) Pruebe que el recíproco de (a) es falso.

Sol: Sea $G = \{e, a, b, ab\}$ como en el ejercicio anterior, y sea $N = \{e, a\}$. Afirmamos que $N \trianglelefteq G$. En efecto:

$$bNb^{-1} = bNb = \{b^2, bab\} = \{e, a\} = N \quad \wedge$$
$$abN(ab)^{-1} = abNab = \{(ab)^2, abaab\} = \{e, a\} = N \Rightarrow$$
$$N \trianglelefteq G.$$

Ahora $\phi_3 \in \mathcal{A}(G)$ y $\phi_3(N) = \phi_3(\{e, a\}) = \{e, b\} \neq N$.

(18) Considere el grupo aditivo $\mathbb{Z}_n$.

(a) Pruebe que si $\phi \in \text{Hom}(\mathbb{Z}_m, \mathbb{Z}_n)$, entonces ϕ viene dado por $\phi(x) = xr$, donde $\circ(r)$ en el grupo $\mathbb{Z}_n$ divide a $\text{mcd}(m, n)$.

(b) Describir los conjuntos $\text{Hom}(\mathbb{Z}_{21}, \mathbb{Z}_{10})$ y $\text{Hom}(\mathbb{Z}_{21}, \mathbb{Z}_7)$.

(c) Determine cuales de los homomorfismos anteriores son sobreyectivos y cuales inyectivos.

Sol:

(a) Cualquier $\phi \in \text{Hom}(\mathbb{Z}_m, \mathbb{Z}_n)$ queda completamente determinado por la imagen $\phi(1) \in \mathbb{Z}_n$, ya que $\phi(x) = \phi(x \cdot 1) = x\phi(1)$ (módulo n). Luego $r = \phi(1)$. Ahora: $r = \phi(1) \in \mathbb{Z}_n \Rightarrow \circ(r) \mid \circ(\mathbb{Z}_n) = n$. Además:

$$mr = m\phi(1) = \phi(m) = \phi(0) = 0 \Rightarrow \circ(r) \mid m \Rightarrow \circ(r) \mid \text{mcd}(m, n)$$

(b) Usando la parte (a) tenemos:

$$\phi \in \text{Hom}(\mathbb{Z}_{21}, \mathbb{Z}_{10}) \Rightarrow \circ(\phi(1)) \mid \text{mcd}(21, 10) = 1 \Rightarrow \phi(1) = 0.$$

Luego el único homomorfismo es el trivial: $\phi(x) = 0$, $\forall\, x \in \mathbb{Z}_{21}$.

Por otro lado:

$$\phi \in \text{Hom}(\mathbb{Z}_{21}, \mathbb{Z}_{12}) \Rightarrow \circ(\phi(1)) \mid \text{mcd}(21, 12) = 3 \Rightarrow \phi(1) = 1 \lor \phi(1) = 3.$$

Ahora los únicos elementos de orden 3 en $\mathbb{Z}_{12}$ son el 4 y el 8, por consiguiente los únicos homomorfismos están dados por

$$\phi_1(x) = 0; \quad \phi_2(x) = 4x; \quad \phi_3(x) = 8x, \ \forall\, x \in \mathbb{Z}_{21}$$

(c) Claramente para $\text{Hom}(\mathbb{Z}_{21}, \mathbb{Z}_{10})$ el único homomorfismo no es sobreyectivo ni inyectivo. Para $\text{Hom}(\mathbb{Z}_{21}, \mathbb{Z}_{12})$, ϕ_2 y ϕ_3 serán sobreyectivos si $\phi_2(1)$ y $\phi_3(1)$ son generadores de $\mathbb{Z}_{12}$, pero en ambos casos no sucede, luego no son sobreyectivos. Obviamente tampoco son inyectivos $(\circ(\mathbb{Z}_{21}) > \circ(\mathbb{Z}_{12}))$.

8.6. Sección Anillos y Cuerpos.

(1) Hallar todos los elementos invertibles de $\mathbb{Z}_6$, $\mathbb{Z}_{14}$, $\mathbb{Z}_{11}$, $\mathbb{Z}_4 \times \mathbb{Z}_6$, $\mathbb{Z}_3 \times \mathbb{Z}_3$, $\mathbb{Z}_3 \times \mathbb{Z}_6$ y $\mathbb{Z}$.

Sol: Para $\mathbb{Z}_6$, $\mathbb{Z}_{14}$ y $\mathbb{Z}_{11}$, los elementos invertibles son los relativamente primos con 6, 14 y 11 respectivamente. Por lo tanto los elementos invertibles de $\mathbb{Z}_6$ son $\{1, 5\}$, los elementos invertibles de $\mathbb{Z}_{14}$ son $\{1, 3, 5, 9, 11, 13\}$ y de $\mathbb{Z}_{11}$ son $\mathbb{Z}_{11} \setminus \{0\}$.

Para $\mathbb{Z}_4 \times \mathbb{Z}_6$, los elementos invertibles son los pares ordenados cuya primera coordenada es relativamente primo con 4 y la segunda coordenada relativamente primo con 6, por lo tanto los elementos invertibles son: $\{(1, 1), (1, 5), (3, 1), (3, 5)\}$.

Como en $\mathbb{Z}_3 \times \mathbb{Z}_3$ el 3 es primo, sus elementos invertibles son $\mathbb{Z}_3 \times \mathbb{Z}_3 \setminus \{(0, 0)\}$.

Los elementos invertibles de $\mathbb{Z}_3 \times \mathbb{Z}_6$ son $\{(1,1),(1,5),(2,1),(2,5)\}$.

Finalmente en $\mathbb{Z}$, sus elementos invertibles son 1 y -1.

(2) Sea U un ideal de R tal que $1 \in U$. Pruebe que $U = R$.

Sol: U ideal $\Rightarrow \forall u \in U, \forall r \in R, ur, ru \in U$.

Como $1 \in U \Rightarrow \forall r \in R, 1r = r, r1 = r \in U \Rightarrow$
$R \subset U \Rightarrow U = R$.

(3) Si F es un cuerpo, pruebe que los únicos ideales de F son $\{0\}$ y el mismo F.

Sol: Sea U ideal de F y supongamos que $U \neq \{0\}$. Entonces dado $u \in U$, $u \neq 0$, $\exists u^{-1} \in F$ (por ser cuerpo) tal que $uu^{-1} = 1 \in U \Rightarrow U = F$ (por problema anterior).

(4) Si R es un anillo y $a, b, c, d \in R$, evalúe $(a+b)(c+d)$.

Sol: $(a+b)(c+d) = a(c+d) + b(c+d) = ac + ad + bc + bd$.

(5) Si R es un anillo y $a, b \in R$, entonces $(a+b)^2 = a^2 + ab + ba + b^2$, donde x^2 se debe entender xx.

Sol: $(a+b)^2 = (a+b)(a+b) = a(a+b)+b(a+b) = a^2+ab+ba+b^2$.

(6) Encuentre la forma del teorema del binomio en un anillo general, es decir, encuentre una expresión para $(a+b)^n$ cuando $n \in \mathbb{N}$.

Sol: Repita lo realizado en el ejemplo anterior.

(7) Si R es un anillo y $\forall x \in R$ satisface $x^2 = x$, pruebe que R debe ser conmutativo. (Un anillo en el que $x^2 = x$ $\forall x \in R$, se llama anillo booleano).

Sol: $\forall x \in R : x = x^2 = xx = (-x)(-x) = (-x)^2 = -x$.

Por otro lado, $\forall x, y \in R$:

$$x + y = (x+y)^2 = x^2 + xy + yx + y^2 = x + xy + yx + y \Rightarrow$$
$$xy = -yx = yx \Rightarrow R \text{ conmutativo.}$$

(8) Si R es un anillo pruebe que $\forall a, b \in R$ y $\forall n, m \in \mathbb{Z}$, se verifica $(na)(mb) = (nm)(ab)$.

Sol:

$$\begin{aligned}
(na)(mb) &= \underbrace{(a+\cdots+a)}_{n \text{ sumandos}}\underbrace{(b+\cdots+b)}_{m \text{ sumandos}} = \\
&\underbrace{a\underbrace{(b+\cdots+b)}_{m \text{ sumandos}}+\cdots+a\underbrace{(b+\cdots+b)}_{m \text{ sumandos}}}_{n \text{ sumandos}} = \\
&\underbrace{\underbrace{(ab+\cdots+ab)}_{m \text{ sumandos}}+\cdots+\underbrace{(ab+\cdots+ab)}_{m \text{ sumandos}}}_{n \text{ sumandos}} = \\
&\underbrace{m(ab)+\cdots+m(ab)}_{n \text{ sumandos}} = n(m(ab)) = (nm)(ab).
\end{aligned}$$

(9) Se dice que un dominio de integridad D es de característica 0 si la relación $ma = 0$ donde $a \in D \setminus \{0\}$ y m es un entero puede solamente verificarse si $m = 0$. Se dice que D es de característica finita si para algún $a \neq 0 \in D$ y algún entero $m \neq 0$, $ma = 0$. La característica de D se define entonces como el mínimo entero p tal que $pa = 0$ para algún $a \neq 0 \in D$.

Pruebe que:

(a) Si D es de característica p entonces $px = 0 \ \forall x \in D$

Sol: Tenemos que D es un anillo conmutativo sin divisores de cero. Debemos probar que $px = 0 \ \forall x \in D$. Sea $px = y$, entonces:

$$px = y \ / \cdot a \ \Rightarrow \ (px)a = ya \ \Rightarrow \ (pa)x = ya \ \Rightarrow \ 0x = ya \ \Rightarrow$$
$$ya = 0 \quad \wedge \quad a \neq 0 \ \Rightarrow \ y = 0 \ \Rightarrow px = 0.$$

(b) La característica de un dominio de integridad o es 0 o un número primo.

Sol: Sea $n \neq 0$ la característica de $D \ \Rightarrow \ \exists \ a \in D \setminus \{0\}$ tal que $na = 0$.

Si n no es primo, $\exists \ \alpha, \beta \in \mathbb{N}, \alpha, \beta < n$ tal que $n = \alpha\beta$. Entonces:

$$0 = na = (\alpha\beta)a = \alpha(\beta a) \ \wedge \ \alpha \neq 0 \ \Rightarrow$$
$$\beta a = 0 (\Rightarrow\Leftarrow) \text{ pues } \beta < n.$$

Luego $n = p$ primo.

(10) Si R es un sistema que satisface todas las condiciones de los anillos con elemento unidad con la posible excepción de $a + b = b + a$, pruebe que el axioma $a + b = b + a$ debe verificarse en R, y que R es por lo tanto un anillo. (Sugerencia: desarrolle en dos formas $(a + b)(1 + 1)$).

Sol: Tenemos:

$$(i) \quad (a + b)(1 + 1) = (a + b) + (a + b) = a + b + a + b \quad \wedge$$
$$(ii) \quad (a + b)(1 + 1) = a(1 + 1) + b(1 + 1) = a + a + b + b.$$

Luego de (i) y (ii): $b + a = a + b$.

(11) Pruebe que el anillo conmutativo D es un dominio de integridad si y sólo si para $a, b, c \in D$, $a \neq 0$, la relación $ab = ac \Rightarrow b = c$.

Sol: $(\Rightarrow)$ $ab = ac \ \Rightarrow \ ab - ac = 0 \ \Rightarrow \ a(b - c) = 0 \ \wedge \ a \neq 0 \ \Rightarrow$

$$b - c = 0 \ \Rightarrow \ b = c.$$

$(\Leftarrow)$ Supongamos que $\exists\, x, y \in D \setminus \{0\}$ tal que $xy = 0$, entonces

$$xy = 0 = x0 \ \not\Rightarrow \ y = 0.$$

(12) Pruebe que todo cuerpo es un dominio de integridad.

Sol: Sea F cuerpo y $x, y \in F$ tal que $xy = 0$ con $x \neq 0$, entonces $\exists\, x^{-1} \in F$ y

$$xy = 0 \ / \cdot x^{-1} \ \Rightarrow \ (x^{-1}x)y = x^{-1}0 = 0 \ \Rightarrow \ y = 0 \ \Rightarrow$$
$$F \text{ dominio de integridad.}$$

(13) Pruebe que cualquier homomorfismo de un cuerpo o es un isomorfismo o lleva todos los elementos en el 0.

Sol: Sea F cuerpo y $\phi : F \to F$ homomorfismo. Entonces F dominio de integridad. Luego:

$$\phi(1) = \phi(1 \cdot 1) = \phi(1)\phi(1) \Rightarrow \phi(1) - \phi(1)\phi(1) = 0 \Rightarrow$$
$$\phi(1)(1 - \phi(1)) = 0 \Rightarrow \phi(1) = 0 \vee \phi(1) = 1.$$

(a) Si $\phi(1) = 0$ entonces:

$\forall r \in R : \phi(r) = \phi(r \cdot 1) = \phi(r)\phi(1) = \phi(r) \cdot 0 = 0 \Rightarrow \phi \equiv 0.$

(b) Si $\phi(1) = 1$, debemos probar que ϕ es inyectiva, equivalentemente,

$I(\phi) = \{0\}$. Supongamos que $\exists\ x \neq 0$ tal que $\phi(x) = 0$, entonces:

$$\phi(1) = \phi(xx^{-1}) = \phi(x)\phi(x^{-1}) = 0 \cdot \phi(x^{-1}) = 0\ (\Rightarrow\Leftarrow).$$

Luego $I(\phi) = \{0\} \Rightarrow \phi$ inyectiva.

(14) Si R es un anillo conmutativo y $a \in R$, pruebe que:

(a) $aR = \{ar \mid r \in R\}$ es un ideal bilateral de R.

(b) Pruebe mediante un ejemplo que (a) es falso si R no es conmutativo.

Sol:

(a) Debemos probar que

(i) $aR \leq R$ y

(ii) $\forall\, r \in R, \forall\, x \in aR : rx, xr \in R$

En efecto:

(i) $\forall x, y \in R, x = ar_1, y = ar_2, r_1, r_2 \in R \Rightarrow$

$xy = (ar_1)(ar_2) = a(r_1 a r_2) = ar_3 \in aR \Rightarrow$ clausura.

Ahora:

$$x \in R \rightarrow x = ar, r \in R \Rightarrow -x = -(ar) =$$
$$a(-r), -r \in R \Rightarrow$$
$$-x \in aR \Rightarrow \text{existencia de inversos} \Rightarrow aR \leq R.$$

(ii) Ideal bilateral:

$$\forall\, r \in R, \forall\, x \in aR, x = ar_1, r_1 \in R \Rightarrow$$
$$(rx = r(ar_1) = (ra)r_1 = (ar)r_1 = a(rr_1) =$$

$$ar_2 \in aR) \ \wedge \ (xr = (ar_1)r = a(r_1 r) = ar_3 \in aR) \ \Rightarrow$$
$$aR \text{ ideal bilateral.}$$

(b) Sea $R = \{\begin{pmatrix} a & b \\ c & c \end{pmatrix} \mid a, b, c, d \in \mathbb{R}\}$ el conjunto de las matrices cuadradas 2×2 con entradas números reales provisto de la suma y multiplicación usual de matrices, entonces R es un anillo con unidad no conmutativo. Sea $A = \begin{pmatrix} 1 & 1 \\ 1 & 1 \end{pmatrix}$, entonces $AR = \{\begin{pmatrix} \alpha & \beta \\ \alpha & \beta \end{pmatrix} \mid \alpha, \beta \in \mathbb{R}\}$. Tomemos $B = \begin{pmatrix} a & b \\ c & d \end{pmatrix} \in R$, entonces

$$\begin{pmatrix} a & b \\ c & d \end{pmatrix} \begin{pmatrix} \alpha & \beta \\ \alpha & \beta \end{pmatrix} = \begin{pmatrix} \alpha(a+b) & \beta(a+b) \\ \alpha(c+d) & \beta(c+d) \end{pmatrix} \notin R.$$

(15) Si U y V son ideales de R, sea $U + V = \{u + v \mid u \in U, v \in V\}$. Pruebe que $U + V$ también es un ideal.

Sol:

(a) Clausura:

$$\forall x, y \in U + V, x = u_1 + v_1, y = u_2 + v_2, u_1, u_2 \in U,$$
$$v_1, v_2 \in V \ \Rightarrow$$
$$x + y = (u_1 + v_1) + (u_2 + v_2) = (u_1 + u_2) + (v_1 + v_2) =$$
$$u + v \in U + V.$$

(b) Inversos:

$$\forall \ x \in U + V, x = u + v, u \in U, v \in V \ \Rightarrow$$
$$-x = -(u + v) = (-u) + (-v), -u \in U, -v \in V \ \Rightarrow$$
$$-x \in U + V.$$

(16) Si U y V son ideales de R, sea UV el conjunto de todos los elementos que pueden escribirse como sumas finitas de elementos

de la forma uv con $u \in U$ y $v \in V$. Pruebe que UV es un ideal de R.

Sol:

(a) Probemos que $UV \leq R$.

Clausura:

$$\forall\, x, y \in UV, x = u_1v_1 + \cdots + u_nv_n, y = \tilde{u}_1\tilde{v}_1 + \cdots + \tilde{u}_m\tilde{v}_m,\ u_j, \tilde{u}_k \in U, v_j, \tilde{v}_k \in V$$

$$\Rightarrow\ x + y = u_1v_1 + \cdots + u_nv_n + \tilde{u}_1\tilde{v}_1 + \cdots + \tilde{u}_m\tilde{v}_m \in UV.$$

Inversos:

$$\forall\, x \in UV, x = u_1v_1 + \cdots + u_nv_n, u_j \in U, v_j \in V \ \Rightarrow$$
$$-x = (-u_1)v_1 + \cdots + (-u_n)v_n \in UV\ (-u_j \in U).$$

(b) Probemos ahora que UV es un ideal bilateral.

$$\forall\, x = u_1v_1 + \cdots + u_nv_n \in UV, \forall\, r \in R, ru_j \in U, v_jr \in V \ \Rightarrow$$
$$rx = r(u_1v_1 + \cdots + u_nv_n) = (ru_1)v_1 + \cdots + (ru_n)v_n \in UV \quad \wedge$$
$$xr = (u_1v_1 + \cdots + u_nv_n)r = u_1(v_1r) + \cdots + u_n(v_nr) \in UV.$$

(17) En el problema anterior, pruebe que $UV \subset U \cap V$.

Sol: Sea $x \in UV$, entonces $x = u_1v_1 + \cdots + u_nv_n, u_j \in U, v_j \in V$. Como U es un ideal y $v_j \in V \subset R, u_jv_j \in U\ \forall\ j = 1, ..., n$ y $U \leq R$ obtenemos que $x = u_1v_1 + \cdots + u_nv_n \in U$. Por el mismo argumento, $x = u_1v_1 + \cdots + u_nv_n \in V$, y por lo tanto $x \in U \cap V$.

(18) Si R es el anillos de los enteros, sea U el ideal consistente de todos los múltiplos de 17. Pruebe que si V es un ideal de R y $U \subset V \subset R$, entonces $V = R$ o $V = U$. Generalice el resultado.

Sol: Sea V ideal tal que $17\mathbb{Z} \subset V \subset \mathbb{Z}$. Como $V \leq \mathbb{Z} \Rightarrow V = n_0\mathbb{Z}$ para algún $n_o \in \mathbb{Z}$. Ahora, $17 \in 17\mathbb{Z} \subset n_0\mathbb{Z} \Rightarrow 17 = n_0m$ para algún $m \in \mathbb{Z}$ y 17 número primo $\Rightarrow n_0 = 1 \vee n_0 = 17$. Si $n_0 = 1 \Rightarrow V = n_0\mathbb{Z} = \mathbb{Z}$ y si $n_0 = 17 \Rightarrow V = 17\mathbb{Z} = U$.

Generalización: Si V es un ideal de $\mathbb{Z}$ tal que $p\mathbb{Z} \subset V \subset \mathbb{Z}$, con p número primo, entonces $V = p\mathbb{Z}$ o $V = \mathbb{Z}$.

(19) Si U es un ideal de R, sea $r(U) = \{x \in R \mid xu = 0 \ \forall u \in U\}$. Pruebe que $r(U)$ es un ideal de R.

Sol: Debemos probar que:

(a) $r(U) \leq R$

(b) $\forall\, x \in r(U), \forall\, r \in R : xr, rx \in r(U)$

En efecto:

(a) $x, y \in r(U) \ \Rightarrow\ xu = 0, yu = 0\ \forall u \in U$. Luego, $\forall\, u \in U$:

$$(x + y)u = xu + yu = 0 \ \Rightarrow\ x + y \in r(U) \ \Rightarrow\ \text{clasura.}$$

Por otro lado: si $x \in r(U)$, entonces $\forall\, u \in U$:

$$(-x)u = -(xu) = 0 \ \Rightarrow\ -x \in r(U) \text{ (inversos)} \Rightarrow$$
$$r(U) \leq R.$$

(b) $\forall\, x \in r(U), \forall\, r \in R, \forall\, u \in U$:

$$[((xr)u = (rx)u = r(xu) = r \cdot 0 = 0) \wedge$$
$$((rx)u = r(xu) = r \cdot 0 = 0)] \ \Rightarrow\ xr, rx \in r(U) \ \Rightarrow$$
$$r(U) \text{ ideal.}$$

(20) Si U es un ideal de R, sea $[R : U] = \{x \in R \mid rx \in U\ \forall r \in R\}$. Pruebe que $[R : U]$ es un ideal de R que contiene a U.

Sol: U ideal de $R \ \Rightarrow\ U \leq R$.

(a) $[R : U] \leq R$:

$$\forall x, y \in [R : U] \ \Rightarrow\ rx, ry \in U\ \forall r \in R \ \Rightarrow$$
$$rx{+}ry = r(x{+}y) \in U\ \forall r \in R \ \Rightarrow\ x{+}y \in [R : U] \text{ (clausura).}$$

Ahora:

$$\forall\, x \in [R : U] \ \Rightarrow\ rx \in U\ \forall r \in R \ \Rightarrow$$
$$r(-x) = (-r)x \in U \text{ (ya que } - r \in R) \text{ (inversos).}$$

Luego $[R : U] \leq R$.

(b) Probemos que $U \subset [R : U]$.

Como U es ideal de R, tenemos: $rx \in U \ \forall\ r \in R \Rightarrow rx \in [R:U] \Rightarrow U \subset [R:U]$.

(21) Sea R un anillo con unidad. Usando sus elementos definimos un anillo $\tilde{R}$ conviniendo que $a \oplus b = a + b + 1$ y $a \cdot b = ab + a + b$ donde $a, b \in R$ y la adición y multiplicación en los miembros de la derecha son las operaciones de R.

(a) Pruebe que $\tilde{R}$ es un anillo bajo las operaciones $\oplus$ y $\cdot$

(b) ¿Qué elemento es el que actúa como cero de $\tilde{R}$?

(c) ¿Qué elemento es el que actúa como el uno de $\tilde{R}$?

(d) Pruebe que R y $\tilde{R}$ son isomorfos.

Sol:

(a) $(\tilde{R}, \oplus)$ grupo abeliano. Clausura, conmutatividad y asociatividad es fácil de verificar.

Neutro: $a \oplus b = a \iff a + b + 1 = a \Rightarrow b = -1$. Luego $\tilde{0} = -1$.

Inversos: $a \oplus b = \tilde{0} = -1 \iff a + b + 1 = -1 \iff b = -a - 2$. Luego el inverso de a es $-a - 2$.

Es fácil verificar que $(\tilde{R}, \cdot)$ satisface clausura y asociatividad, además la ley distributiva de $\cdot$ con respecto a $\oplus$.

(b) Por lo visto en (a): $\tilde{0} = -1$.

(c) Sea $a \in \tilde{R}, a \neq \tilde{0} = -1$, entonces

$$a \cdot b = a \iff ab + a + b = a \iff b(a+1) = 0.$$

Si R es dominio de integridad, entonces $b = 0 = \tilde{1}$, y así $\tilde{1} = 0$.

(d) Definamos $\phi : (R, +, \cdot) \to (\tilde{R}, \oplus, \cdot)$ por $\phi(a) = a - 1$. Entonces es fácil verificar que ϕ es un homomorfismo de anillos biyectivo, luego R y $\tilde{R}$ son isomorfos.

(22) Sea R un anillo y para $a \in R$ sea $Ra = \{xa \mid x \in R\}$. Pruebe que Ra es un ideal izquierdo de R.

Sol:

(a) $Ra \leq R$:

$$\forall\, x, y \in Ra\ x = x_1 a, y = y_1 a, x_1, y_1 \in R \ \Rightarrow$$

$$x + y = (x_1 + y_1)a \in Ra \text{ ya que } x_1 + y_1 \in R \text{ (clausura)}.$$

Ahora: $xa \in Ra \ \Rightarrow\ -(xa) = (-x)a \in Ra$ (inversos), luego $Ra \leq R$.

(b) Ideal izquierdo:

$$\forall\, xa \in Ra, \forall\, r \in R : r(xa) = (rx)a \in R \text{ ya que } rx \in R \ \Rightarrow$$

$$Ra \text{ ideal izquierdo de } R.$$

(23) Sea R un anillo. Pruebe que la intersección de dos ideales izquierdo de R es un ideal izquierdo de R.

Sol: Sean U y V ideales izquierdos de R, entonces

$U \leq R, V \leq R \ \wedge\ (\forall\ r \in R, \forall\ u \in U, \forall\ v \in V \ \Rightarrow ru, ur \in U, rv, vr \in V)$.

(a) $U \leq R \ \wedge\ V \leq R \ \Rightarrow\ U \cap V \leq R$.

(b) $\forall x \in U \cap V \ \Rightarrow\ (x \in U \ \wedge\ x \in V) \ \Rightarrow\ \forall\, r \in R$,

$(rx, xr \in U \ \wedge\ rx, xr \in V) \Rightarrow\ rx, xr \in U \cap V$.

De (a) y (b), $U \cap V$ ideal de R.

(24) ¿Qué puede decirse de la intersección de un ideal izquierdo con un ideal derecho de R?.

Sol: Si U es un ideal izquierdo de R y V un ideal derecho de R, entonces podemos afirmar que $U \cap V \leq R$, además, $\forall\ r \in R$, $\forall\ x \in U \cap V, rx \in U\ \wedge xr \in V$, pero nada podemos decir respecto a si $xr \in U$ o $rx \in V$. Por lo tanto, nada podemos decir respecto de $U \cap V$.

(25) Si R es un anillo y $a \in R$, sea $r(a) = \{x \in R \mid ax = 0\}$. Pruebe que $r(a)$ es un ideal derecho de R.

Sol:

(a) $r(a) \leq R$:

$\forall\, x, y \in r(a), ax = 0 \,\wedge\, ay = 0 \Rightarrow$

$ax + ay = a(x + y) = 0 \Rightarrow x + y \in r(a)$ (clausura).

$\forall\, x \in r(a) \Rightarrow ax = 0 \Rightarrow -(ax) = 0 \Rightarrow a(-x) = 0 \Rightarrow$

$-x \in r(a)$ (inversos). Luego $r(a) \leq R$.

(b) $r(a)$ ideal derecho de R.

$$\forall\, x \in r(a), \forall\, r \in R : a(xr) = (ax)r = 0 \cdot r = 0 \Rightarrow$$

$xr \in r(a) \Rightarrow$ ideal derecho.

(26) Si R es un anillo y L un ideal izquierdo de R, sea $\lambda(L) = \{x \in R \mid xa = 0\ \forall a \in L\}$. Pruebe que $\lambda(L)$ es un ideal bilateral de R.

Sol:

(a) $\lambda(L) \leq R$: $\forall\, x, y \in \lambda(L) \Rightarrow (xa = 0 \,\wedge\, ya = 0\ \forall\, a \in L) \Rightarrow$

$(x + y)a = xa + ya = 0\ \forall\, a \in L \Rightarrow x + y \in \lambda(L)$ (clausura).

Por otro lado: $\forall\, x \in \lambda(L), xa = 0\ \forall a \in L \Rightarrow$

$$0 = -(xa) = (-x)a \Rightarrow -x \in \lambda(L) \text{ (inversos).}$$

Luego $\lambda(L) \leq R$.

(b) $\lambda(L)$ ideal de R: $\forall\, x \in \lambda(L), \forall\, r \in R$:

$((rx)a = r(xa) = r \cdot 0 = 0 \,\wedge\, (xr)a = x(ra) = 0$ ya que

$ra \in L \Rightarrow \lambda(L)$ ideal bilateral de R.

(27) Si R es un anillo con elemento unidad 1 y ϕ es un homomorfismo sobreyectivo de R sobre $\tilde{R}$, pruebe que $\phi(1)$ es el elemento unidad de $\tilde{R}$.

Sol: Sea $\phi : R \to \tilde{R}$ homomorfismo sobreyectivo y $1 \in R$ unidad. Afirmamos que $\phi(1) = \tilde{1} \in \tilde{R}$. En efecto:

$$\forall \in \tilde{x} \in \tilde{R}, \exists\, x \in R \text{ tal que } \phi(x) = \tilde{x} \;\Rightarrow$$
$$(\ \tilde{1} \cdot \tilde{x} = \phi(1)\phi(x) = \phi(1 \cdot x) = \phi(x) = \tilde{x} \quad \wedge$$
$$\tilde{x} \cdot \tilde{1} = \phi(x)\phi(1) = \phi(x \cdot 1) = \phi(x) = \tilde{x}\ ) \;\Rightarrow\; \tilde{1} \text{ unidad de } \tilde{R}.$$

(28) Si R es un anillo con elemento unidad 1 y ϕ es un homomorfismo de R en un dominio de integridad $\tilde{R}$ tal que $I(\phi) \neq R$, pruebe que $\phi(1)$ es el elemento unidad de $\tilde{R}$.

Sol:

$$\phi(1) = \phi(1 \cdot 1) = \phi(1)\phi(1) \;\Rightarrow\; \phi(1) - \phi(1)\phi(1) = 0 \;\Rightarrow$$
$$\phi(1)[\tilde{1} - \phi(1)] = 0 \;\Rightarrow\; (\ \phi(1) = 0 \;\vee\; \phi(1) = \tilde{1}\ ).$$

Si $\phi(1) = 0$, entonces:

$\forall\, x \in R : \phi(x) = \phi(1 \cdot x) = \phi(1)\phi(x) = 0 \cdot \phi(x) = 0 \;\Rightarrow$

$\phi \equiv 0 \;\Rightarrow\; I(\phi) = R$ $(\Rightarrow\Leftarrow)$. Luego $\phi(1) = \tilde{1}$.

References

[1] Herstein, J.I., *Álgebra Moderna*, primera edición, F. Trillas, S. A., Mexico, 1970.

[2] Fraleight, J.B., *Álgebra Abstracta*, primera edición, Addison-Wesley Iberoamericana, S. A., E.U.A., 1987.

[3] Dubreil, P. y Dubreil-Jacotin, M.L. *Lecciones de Álgebra Moderna*, primera edición, Reverte, S. A., España, 1971.

[4] MacLane, S. y Birkhoff, G. *Álgebra*, tercera edición, The MacMillan Company, E.U.A., 1968.

Made in United States
North Haven, CT
05 November 2026

21767240R00091